企業頂層

組織與管理的多重創新

以客戶價值為核心

探索商業變革趨勢

破解經營困局

Corporate Management

吳越舟　著

管理更新與組織優化，打造高效企業

確立企業文化，實現策略轉型

擁抱數位時代的無限可能

企業頂層設計的全新視角，重建價值鏈

組建強大核心團隊，共創輝煌未來

目錄

目錄

序言

這是一個鉅變的時代，數據技術的快速發展和供需關係的逆轉正在不斷衝擊和顛覆著原有工業體系的經營理念和經營思維，企業原有經營理論的適用性和企業經營的適應性受到了來自於多方面的挑戰，在新思潮不斷迭代創新和舊思維苟延殘喘之間的灰色地帶，動態的商業世界蘊含著極大的商業機會和風險，創造著一個又一個重新整理我們世界觀的商業傳奇，同時也在不斷演繹著商業鉅子們的悲壯離歌。

☞ **順應潮流，應需而動**

數據技術尤其是網際網路技術的發展，讓商業世界的溝通變得更加便利和低成本，這是時代的潮流、歷史的潮流，網際網路技術讓商業世界變得更加透明，這將打破了原有商業體系的平衡，讓很多資訊不對等所帶來的收益變得無處躲藏，這必將促進商業社會的進化和更新。

特別是在 WEB3.0 時代，伴隨著客戶端和互動平臺的崛起，無差異且沉默的使用者如今變得越發個性和強大，他們掌握著商業世界的主導權和主動權，使用者的評價和認可變得不可忽視，使用者的好評如潮可以將企業推上時代雲端，成為萬眾矚目的商業明星，使用者的負評不斷亦可以將企業打入時代的冷宮，成為商業社會的棄子，可以說，使用者正在逐漸掌握著企業生殺予奪的主宰權。

網際網路的技術特質決定了社會資源配置的結構特徵，去中心化的概念源自於網際網路設計的理念，逐漸成為商業社會的核心理念。網際網路技術的這種技術特徵，讓資源的整合呈現全新的網狀結構，改變了以往資源整合的線性法則，企業的商業觸角變得異常靈活和多變，跨界競爭和跨界打劫的一批新模式的出現，隨時可能顛覆一個強大而歷史悠久的品牌，原有核心技術隨著全新商業模式的開啟，極有可能會成為一種歷史的產物，時代的車輪就是這麼無情和殘酷，也帶來的很多混沌之中所不為人知的全新機會，這種機會屬於有思想、有膽略的企業家，屬於那些思路清晰、應變敏捷和善於動態調整的企業。

在網際網路時代的商業劇變中，企業並沒有成熟的模式和經驗可供借鑑，我們深知以某個案例或者某個企業來詮釋網際網路時代都是有所偏頗的，因此，我們力圖透過多個案例，透過點滴的成功，運用結構化的手段來闡述和揭示網際網路時代成功的密碼以及提供一套應對新時代的全新思維利器。

☞ 放棄概念，回歸能力

經營如逆水行舟，不進則退。面對外部大動盪和內部複雜巨系統的雙重夾擊下，形成了一個產能過剩、認知盈餘和資訊氾濫，同時伴隨著精力稀缺、專注不足和創意匱乏，多重困境在折磨著企業和考驗著企業家，企業經營的複雜度是以往任何時代都難以比擬的，企業要想在這樣的環境下成長與成功，面臨的挑戰也是巨大的，企業如何保障能力跟得上時代的步伐，成為左右企業生死的核心。

很多企業家試圖回歸理論尋找答案時，發現工業時代的理論不再那麼奏效，全新的商業生態正在不斷衝擊和挑戰工業時代經典理論的權威，我們能夠清晰的感知到「接受的不再有效，而有效的尚未被接受」，同時全新的熱詞不斷湧現，諸如顛覆、無邊界、去中心化、共享經濟、價值網路、工業 4.0 和工業網際網路以及智慧製造、網際網路＋等一系列新名詞讓人眼花撩亂，企業迷失在這些自成體系又相互關聯的新概念中，何去何從成為諸多企業主心頭的痛。

應對激盪的外部環境，是所有企業面臨的共同難題，如何在動盪的格局中探尋企業經營的本質，很好的利用外部的條件，抓住機會，實現企業的涅磐重生，成為關鍵。抓住經營的關鍵，需要企業在已知的現在和未知的未來之間架起一道堅實的橋梁，讓企業平穩安全地駛向成功的未來。我們相信，通向未來的這座橋梁應當是企業自身所不斷發育出來的全新能力。

未來存在著太多的可能，在可能之中，企業不可以盲目追求新概念，還需要能夠理性的、清醒的認識到，只有回歸能力，找到可行之策，不隨波逐流而是能夠以最大的能力把握住經營的主導權和經營的方向。

☞ 面對系統，頂層設計

無論處於哪個時代，成長都是企業的永恆話題，在工業時代，獲取企業的成長主要依靠行銷策略的靈活性，策略致勝讓行銷部門的地位在企業各個部門中處於龍頭地位，身為一名行銷負責人，甚是清楚行銷人員在企業中的話語權、特殊地位以及特殊使命。然而，在網際網路時代，行銷的重要性受到了極大的挑戰，需求和競爭的變化，需要企業調動起更強大的力量才能更好的應對變化，體系的重要性日益突顯，也只有將行銷策略和體系能力有機結合起來才能夠將新時代的成功主導權牢牢地把握在企業自己手裡，系統致勝時代已經到來。原本獲得成長所依靠的關鍵成功要素發生了根本性改變，規模、角色的清晰性、專業化、控制的工業時代的成功要素開始逐漸讓位於追求速度、靈活性、整合、創新的資訊時代的經營法則，強調透過創新快速整合資源，以最為靈活的方式為客戶創造價值，實現資源的快速變現。然而，完成這一轉變絕非易事，需要建立一整套全新的思維。

但是，我們企業往往擅長靜態地看待問題，沿著過去的成功路徑在攀爬前行，卻忘記了道路已然發生變化，平坦的道路上運行良好的車子駛進了高低不平坑坑窪窪的山路，變得顫顫巍巍，如果不能夠動態地調整方向和速度，整個車子可能隨時分崩離析。按照原有的思維和既定的模式，費了九牛二虎之力做出的策略，可能會陷入難以自拔的失誤，目標與實際之間的鴻溝似乎越來越大，一切並沒有按照企業自己設定的路線在發展，此時，企業往往陷入一個更加麻煩的境地就是進一步接著優化管理來強化管控，往往適得其反，越陷越深，企業在存量市場上不斷失守，卻又很難在增量市場上尋求突破，在存量市場和增量市場的不同玩法，造就了諸多企業不同的命運。

我相信思路決定出路，在我看來，面對新環境和新問題的系統性思考能力不足是制約企業持續發展的最大障礙。企業也就只能亦步亦趨中艱難前行，難以找到經營的內在靈魂和破局之道，只能在不斷追逐利潤的奔跑中，逐漸迷失了方向。

頂層設計就是要企業能夠放眼產業生態，以更大的視野，充分利用設計思維，以系統化、結構化的思維模式將各種要素在新環境下進行有機組合以達到某種目的的一套方法論。本書強調以產業的視角，從供需兩側來思考商業規律，充分解讀訊息時代的商業環境，找到經營的主線，凝練出企業在特定時刻經營的核心命題，並以此為中心來建構一個完整的體系的過程。

☞ 面對未知，勇於探索

在研究了近百個成功企業案例後，我們發現沒有一個是在最初就完成了所有的構想，形成完備的劇本，而是在不斷挑戰不確定的過程中，持續修正和調整完善，找到一條適合自己的成長道路。因此，我深信商業模式是長出來的，按照管理學家西蒙（Herbent Simon）的觀點，人是有限理性的。沒有人是先知，可以預言未知，預知未來。在海量的訊息世界中，人的有限理性決定了我們只能不斷地試探，在掌握有限訊息的前提下，透過頂層設計的方法論體系結合摸著石頭過河的勇氣和膽魄，勇敢地去創造，從已知走向未知，並追求持續的成長。

企業只有保持創新創業的心態，並且將這種持之以恆的心態貫徹到底，並且深刻理解企業轉型更新是一場艱鉅而影響深遠的系統工程，而不是簡單的一場運動，需要企業家有一個強大的心智和穩健的心態，領導力在這個時代至關重要。

沒有成功的企業，只有時代的企業。一切都是動態的，企業只有在外部找到機會點，能否持續地獲取盈利和收益，在相當程度上取決於企業自身能力的強弱，一方面企業需要樹立起外部主導內部，內部支撐外部的經營觀念，還需要持續地打造屬於自己獨特的核心競爭力。

☞ 本書的特點

本人身為一名具有一定理論偏好的實踐者，深知沒有理論支持的實踐無異於盲人摸象，而沒有實踐的理論也是隔靴搔癢、似是而非。因此，尋求理論與實踐的結合一直以來都是自己不懈的追求。本書試圖透過解讀諸多企業成功的案例，結合自身的理論認知和實踐感受，進行結構化整理和梳理，找到一條能夠幫助處於迷茫中的企業的方向。身為一名有所追求的經理人，不願意東拼西湊和複製貼上，而是在做了大量深入思考後，一字一字敲擊出來，形成自己的一套思路，精細加工絕不添加防腐劑，以最原生態的思考，以饗讀者。如果能夠如我所願，哪怕只有一點點啟發和啟示，便深表欣慰！

在網際網路時代經營企業，無異於一次驚險的漂流，需要應時不斷調整和快速決策，在時空上進行優化和布局，以更廣闊、更深遠的思想影響著組織前行。那就讓我們一起，以開放的思維和開闊的視野來開啟這場驚險的漂流之旅！

☞ **本書的讀者**

本書不是一本純粹的速食類商業讀物，也不是一本深奧晦澀的管理學著作，而是一本有著一定理論解讀的心路體會，要想更好的品嘗到本書的美味，需要讀者有一定的理論功底和職業想法，希望能與君在書中產生共鳴共振！

本書在充分解讀環境下，為企業提供方向性指引，以及提供思考企業營運的系統性框架，以便更好地應對這個多變的時代！

第一章

網際網路時代，傳統企業的經營困局

傳統企業的面臨的五大困境

經營如逆水行舟，不進則退。2008 年是全球經濟的分水嶺，在產能過剩、環境汙染、成本上升、結構調整等一系列外部環境的影響下，企業經營面臨前所未有的嚴峻考驗。

1. 掙扎於過去的成功經驗中

彼得．杜拉克（Peter Drucker）認為：「只有擺脫過去才能走向未來」。可以說跟上時代、走向未來才是企業的主旋律，然而難以擺脫的過去是企業走向未來最大的障礙，過去的成功經驗會形成一種組織慣性和慣性思維。

一般而言，成功的企業都會有自己的情節，習慣性地把優秀的人才以及重要的資源，配置在過去的事情上，並企圖透過追加投入來挽救已經成為過去的事情，或者使過去的事情獲得重生。這些企業最喜歡說的話就是進行二次創業。最喜歡喊的口號就是，發揚二次創業的精神。這種「舊瓶裝新酒」的做法，難以根治企業走向衰敗的命運。我們不能因為眼前的困境，而否定了歷史的成功，也不能因為歷史的成功，固化了未來的方向，很多時候恰恰是因為歷史的成功導致了整個體系的衰敗，一旦經營體系形成，管理體系會不斷加固原有的營運模式，這種加速能力一方面提升企業在原有環境下的競爭力，同時也在形成變革壁壘，形成一種抗拒變革的經營慣性。

經營慣性表現為路徑依賴，而路徑依賴的本質是能力依賴，我們往往會發現企業老闆宣稱的和企業實際執行的是完全不同的兩套，甚至是毫無交集。其宣稱以客戶為導向，按照客戶價值來指導經營，企業內部依然按照製造導向，推行計畫經濟的管理模式，強調穩定與控制，並沒有實現面對客戶需求的橫向綜合整合能力，專業人才不足或者文化與制度等的不支持，導致企業仍然在原地蹣跚。

當嚴峻的外部環境形成反推機制，逼迫企業走出原有的舒適區時，很多企業原有的經營管理體系已經是陋習已成、積重難返了。Nokia 帝國倒下之前，面對不斷創新的競爭對手（蘋果、三星等）以及消費者消費習慣的改變，Nokia 依然頑固地堅守著他們的 Symbian 系統、對消費的訴求漠視以及採用過去僵化的績效考核制度等舉措，最終加速 Nokia 曾經的帝國走向衰敗。福特汽車（Ford）在長達 19 年（1908 年至 1927 年）的汽車行業霸主地位，一方面得益於福特汽車生產製造體系的科學管理以及精細化管理，然而，當福特的「縱向一體化」模式大放異彩之時，這種主要為 T 型車服務的營運管理系統，左右著公司整體的經營理念和經營策略，在面對消費者需求變化和競爭對手（主要是通用汽車，General Motors）反攻時，顯得僵化笨拙。可以說，亨利．福特（Henry Ford）在大量汽車製造上取得的成功，有效地解決了生產問題，使得不熟悉的市場顧慮取代了熟悉的生產顧慮，企業成功的關鍵從製造環節向設計環節和行銷環節轉變，獲取更快的產品上線時間、更低的盈虧平衡點、更豐富的產品以及更快的市場響應速度成為企業獲勝的關鍵。

與其掙扎於現實的經營泥潭和歷史的成功經驗，不如跳出約束，以全新的經營理念動態地審視企業，這需要企業管理層從歷史的成功經驗中提取方法論，上升到理論的高度，知其然更要知其所以然，讓經驗模式化、可複製化，在變化中掌握不變的內在規律，才能走出成功經驗的桎梏。企業當自以為非，不固守過去成功的舊法則，勇於自我革命，能夠以創業者的視角，將企業目前的經營體系視為一種資源，重新進行頂層設計和系統規劃，回歸商業的本質，回歸客戶價值，去思考企業走向未來的全新藍圖，在現實資源基礎上，有選擇的揚棄，重塑企業在新環境下的適應力，扔掉過去那種單打獨鬥的玩法，放棄過去那種以低價惡性競爭的極端做法，拋棄那些令你沾沾自喜的製造能力，否定那些假大虛空的宣傳口號，認清大環境變化趨勢，找到企業經營的成功密碼，找準企業經營與管理更新的關鍵，才能牽動整個組織進行轉型更新。

2. 問題錯綜複雜，成長乏力

列夫．托爾斯泰（Lev Tolstoy）說過：「幸福的家庭都是相似的，不幸的家庭各有各的不幸。」企業出現經營困難的原因很複雜，比如，缺乏系統的策略思考，盲目跟風，生搬硬套，別人成功了就模仿抄襲，這種投機心理最終會導致資源浪費，功敗垂成；缺乏完善的人才梯隊，尤其是中高層專業經理人，關鍵時刻無人可用；缺乏強大領導力的管理層，找不到變革的路徑，難以打破僵局；缺乏關鍵命題的把握能力，不具備在混亂複雜的組織體系中快速準確地抓住經營要領，只會低頭拉車，不會抬頭看路，更不會仰望星空；低價值生存，低利潤競爭，服務意識有，但服務能力弱；分工與合作不合理，管理粗放，難以駕馭多業務、多模式混合運作；跨部門合作困難，本位主義明顯，行銷試圖拉動，但是策略創新不夠，研發試圖推動，產品創新能力有限；企業綜合創新能力嚴重不足，創新投入少，缺乏核心競爭力，產品的結構性過剩現象嚴重；依靠某個人或某個小團體的特殊能力存活，沒有組織與體系能力發育意識；業務與管理脫節，傳統的管理思維越發難以應對新業務模式，應對動態環境的應變能力不足等等。在我服務的企業當中，各種問題可謂不勝列舉，這不是個例，而是目前企業的普遍現象。

這些問題的指出，只能是將表面問題闡述，並沒有抓住關鍵問題，或者說沒有形成模式化思考方式，問題的羅列並不能幫助我們很好地解決問題，只有抓住主要衝突和衝突的主要方向，才能更進一步指向問題核心，在我看來阻礙企業成長與成功可歸納為四大關鍵問題。

☞ 決策層問題

決策層的問題主要展現在三個方面，第一是創業者情懷，企業家過去的成功，形成了根深蒂固的創業者情懷，自己就是企業帝國的皇帝，延續家天下的治理模式，根據個人好惡定奪公司一切，公司的管理層都是親信，成了引進專業經理人的鹽鹼地，難以存活下來，另外與治理模式思維相匹配的商業模式，也是以自我為中心的思考，交易思維貫穿經營的整個過程；第二是企業家精神缺失，有部分企業家，在獲得一些成績後，感覺身心疲憊，尤其是在面對新挑戰時，深感能力不足，萌生退意，小富即安的心態促發不思進取的變革惰性，在努力維持現狀中一步步走向衰亡，還有的就是持續沿用過去簡單粗暴的賺錢方式，急功近利，追求一招致勝，結果是怪招頻出，卻收效甚微，創新求變和開拓進取的企業家精神的缺失，讓很多企業風雨飄搖；第三是決策團隊不團結。一旦公司決策層不團結，那麼員工搖擺不定，不知道該聽誰的，員工面臨的不是做好事情，而是站好隊，導致企業執行力大打折扣，令行禁止不見了，政令不通、猶豫不決成為常態。

☞ 歷史遺留問題

企業經歷歲月的磨礪，變得厚重，同時也累積了一些不良的風氣，容易形成三座大山。第一座大山是強人主義，這些公司的功臣逐漸開始形成自己的圈子，影響或阻礙公司的程式。這些強人可能在後臺，比如經營管理部門、研發部門，也可能在櫃檯，比如行銷部門或市場部門，形成一些無視公司制度的獨立王國，造成各種無形的損耗和無理取鬧；第二座大山是本位主義，擅長專業思考的部門負責人，會形成自己部門的方言，習慣於從上至下貫徹命令，而在橫向協同上卻困難重重，舉步維艱；第三座大山就是保守主義，一些既得利益全體，對於公司的變革往往持否定態度，努力在捍衛自己或小團隊的利益，即使迫於壓力暫時妥協，一旦機會出現，立刻出現如浪潮般的反撲，導致很多變革只要出現顛簸，就會有一些站在「穩定」大義下開始復辟之旅。

☞ 經營與策略問題

很多企業發展到一定階段後，會發現能力有限，動力不足，究其原因大多是由於策略問題，一來是策略方向模糊，大框架和大格局沒弄明白；二來是策略路徑不清晰，企業推進的節奏出現了問題。另外就是企業不擅長借力，在商業模式和治理模式上缺乏系統思考，以至於在策略上停留在依靠一己之力，苦苦支撐。

☞ 企業管理問題

管理是因業務需要而產生，但是當業務習慣於一路狂奔，管理問題就會凸顯，形成兩種典型的業務與管理矛盾。一種是管理不足，即業務快速發展與管理系統滯後之間的矛盾，產生經營與管理的撕裂感；另一種是管理過度，即業務增長減速與管理過渡之間的矛盾，產生經營和管理的壓迫感。管理不足問題很多現象，有些企業有著某些特殊原因（政策因素或者總體經濟因素等），突然間業務爆發，業務快馬加鞭，一騎絕塵，管理就顯得稚嫩和柔弱，另外的一種典型就是源於逐利的觀點，即企業認為業務問題才是關乎企業生死存亡的關鍵問題，管理問題並不重要。這兩種情況，無論是主觀問題還是客觀問題，久而久之，管理問題會出現拖累企業的發展，過多依賴人治的公司管理，會出現一些僅在表面，缺乏理解的管理方法，拉幫結派、明哲保身、人心浮動、留不住人才等問題。而管理過度同樣問題很大，比如行政審核流程繁瑣，行政管理人員編制龐大，業務部門受到管理部門過多的管控和管理，業務部門要分擔大量的時間和精力來應付管理部門的無效管理，制度繁雜卻缺少人性關懷，管理部門主導公司業務，外行指揮內行現象普遍等等。管理過度看似管控了風險，但是卻在打擊業務發展的積極性，挫傷業務體系的銳氣。

3. 糾結於問題，而迷失方向

大前研一（Ohmae kenichi）曾經在《思考的技術》（考える技術）一書中說過：「事實上，很多案子的真正原因只有一個，而其他都只是這個原因所導致的現象。」如果不能夠找到問題的根源，就沒有辦法追根溯源、對症下藥。這是很多企業在轉型更新過程中病急亂投醫的關鍵原因，倉促上馬各種變革，比如策略變革、組織變革、人力資源變革和流程變革等，不但沒有解決問題反而讓問題變得更加複雜。

在我諮商或培訓過的很多企業當中，當被問及企業管理問題時，我常常會選擇反問的形式，我發現這些企業的管理活動更多是圍繞細枝末節進行修補，缺少對企業整體營運的系統思考，卻渾然不知問題出在哪裡。大多數企業的管理層習慣於在既定的框架內低頭拉車，按部就班的做好本分工作，忽視或者不願意抬頭看路，以至於公司各個業務板塊之間的交流更多是停留在業務流程銜接上，而沒有更高的視野或者更大動力來優化和重新布局，改善的更多是點效率，而不是系統效率。

忽視大環境的變化，無異於掩耳盜鈴，用舊有思維處理新問題，無異於刻舟求劍。在網際網路時代，快速變化與跌宕起伏的市場競爭環境下，企業變革必要性很容易達成共識，但是怎麼變，往往是沒有頭緒的。工業時代所形成問題解決方法的合理性、有效性受到了質疑，儘管管理者們每天奔波勞碌，忙於處理各種問題，但是，最終效果往往是令他們深感失望的。雖說企業經營過程就是一個不斷解決問題的過程，然而，對於那些缺乏頂層設計和全面統籌的企業來說，就會糾結於問題，而忽視整體方向，未能將多個問題「併案偵查」，難以造就一個完整的、滿足時代要求的經營系統。

可喜的是，在我接觸的一些優秀的高階管理者，懂得用力低頭拉車，更開始懂得用心抬頭看路，力求確保努力與目標一致，成果與付出成比例。首先，他們會站得更高、看得更遠，在任何問題發生後，會清晰的了解問題以及問題的來龍去脈，深入調查和研究，並且站在高於問題產生的層面上思考問題，比如行銷部門與財務部門的矛盾，優秀的管理者不會簡單的站在行銷部門的立場或者財務部門的立場，而是跳出來，站在策略的角度、經營的角度，思考問題產生的根源。其次，他們擅長分類管理，先定性後定量地解決問題，將問題歸類，才能直指問題的本質，比如很多公司發年終獎金，到底該給員工多一點還是少一點，優秀的管理者會清楚，這個問題其實是公司利益與員工利益平衡的問題，然後至於傾斜多少，既要考慮員工感受，又要考慮企業再發展的需要，也很容易得到員工的理解和支持。再次，他們會總結一套本土化的方法論。懂得博採眾長，善用「他山之石」和優秀企業的「最佳實踐」，以一種開放的心態，從中汲取營養，保持動態、靈活的解決問題，既要「多快好省」，又能夠面對未來，與這類管理者溝通時，往往能夠感覺到在碰撞中不斷產生思想的火花，而這些火花卻始終未脫離企業實際。

應對問題導向型管理問題，最佳的措施，我認為是「格物致知」，在產生問題的過程中提升解決問題的能力，解決問題但不拘泥於問題，多觀察多思考，關注方案更關注方法。

4. 擅長模仿抄襲，模式失效與品牌邊緣化

有新生，必有淘汰，有創新，必有落後。在傳統企業一直在去產能、調結構的緊要關頭，凶悍的狼群從側翼撲來，這群狼的名字叫網路企業，藉助於垂直電子商務、平臺商、O2O、免費模式和共享經濟等模式，衝擊著經營上模仿抄襲、管理上粗放稚嫩的實體經濟。

網際網路衝擊＋同質化競爭，經營理念落後、模式失效

產品同質化和產能過剩的生存環境，造就了市場的超競爭狀態，在這種環境下，企業陷入了「囚徒困境」的博弈境地，只有不斷加倉製造與降低價格，試圖透過體量優勢，大打價格戰，崇尚「剩者為王」，這種經營模式又在進一步加劇了產能過剩，形成了惡性循環，沒有資金也沒有精力用於產品研發或客戶互動。然而，網路企業另闢蹊徑，天生具有整合和輕資產營運的特點，不是從競爭的角度思考，而是從需求的角度出發，比如小米手機出現之前，是先有客戶互動平臺，先跟消費者熱絡起

來，然後根據需要來訂製開發。在網路企業的衝擊下，傳統企業的經營模式過去了，價格戰、通路戰、廣告戰等一招一式失效了，更多是依賴於組織系統效能和客戶認知體驗來獲取競爭優勢。

網際網路傳播＋新消費行為，品牌加速老舊化或邊緣化

傳統企業怎麼做品牌傳播呢？主要戰術就兩個，一個是高空轟炸，在電視上打廣告，一個是地面推廣，線上下做活動。傳統媒體閱聽人越來也老年化，高空轟炸，難免投資高、見效慢、不精準，地面推廣，圍觀的更多是一群跳廣場舞的老人家在看熱鬧，年輕人似乎對又唱又跳的表演不那麼有興趣，消費主力軍現在都活在網路世界了，玩遊戲／LINE、看直播／影片。消費者時間和精力是稀缺的，這讓缺乏網際網路基因的傳統企業，過去那種品牌傳播的做法老舊，日漸邊緣化。

網際網路生態＋系統化作戰，組織能力滯後、力不從心

蘋果的成功是生態的成功，小米的成功是生態的成功，網路企業或者是利用網際網路轉型更新成功的企業都有一個生態思維，而不局限於個人能力。這類企業與客戶互動更為頻繁，基於大數據的行銷策略更為精準，這些都是傳統企業望塵莫及的，組織能力難以滿足市場的要求，競爭壓力越來越大，很多企業即使有想法，卻力不從心，不是沒有看見機會，而是聽到了、看見了，卻動彈不得，能力跟不上。

5. 組織運作簡單粗放，企業獲利能力薄弱

大多數企業在沒有原始技術創新累積和管理經驗沉澱的情況下，依靠著模仿和抄襲等簡單粗暴的方式，找到一個機會，整合一批產品，包裝一下，砸向市場就可以獲得鉅額回報。然而，自從 2008 年金融危機之

後，伴隨著數位經濟的興起，原有賴以生存的環境土崩瓦解了，傳統企業盈利能力銳減，薄利經營成為常態，傳統企業也成了經濟結構中最尷尬的存在，變成了專家學者口誅筆伐的對象，時過境遷、峰迴路轉，過去經濟中的中流砥柱正在演變成經濟結構中最大的泡沫。

☞ 組織運作粗放，職能發育不均衡

在「搶錢」的日子裡，企業會把大量的精力用於直接產生業績的領域／職能，而忽視一些持續成長的職能發育。比如，業務部門強大，而市場部門薄弱，製造部門強大，而研發部門薄弱，財務部門強大，而人力資源部門薄弱，形成企業內部極其不均衡的發展狀況，這種組織設定重點在於賺今天的錢，而對於明天如何賺錢，賺什麼錢往往是不夠重視的。另外，這種不均衡也導致了企業內部協同困難，在我看來，要想讓多個不同部門協同起來，至少在能力水準上處於相同點，然而，很多企業的運作模式還是家族式的，看起來門面很氣派，開啟組織一看，離現代化組織體系還有巨大的差距。

☞ 企業薄利經營，造血能力極其匱乏

企業薄利經營，帶來了一系列痛苦的後果。企業沒有資金用於研發創新，沒有資金用於製造更新改造，沒有資金用於行銷推廣，沒有資金用於客戶研究，沒有資金引進高階人才，沒有資金用於資訊化改造，沒有資金用於管理諮商服務……歸根結柢，是由於企業擅長的薄利經營模式下，企業自身的造血能力薄弱，難以形成足夠的現金流來支撐企業做強，只能靠做大來獲取規模優勢。當規模已經不再成為優勢之時，原有的優勢就會變成歷史的包袱。某些企業的超低價模式讓一個行業變得無利可圖，也讓自己陷入窘境，超低價抽乾了企業利潤，造成了惡性循

環，低價模式帶來了低盈利，低盈利造成企業低研發能力、低產品創新能力，企業無力支付高薪吸引高階人才加盟，最終導致企業在以創新為主導的網際網路時代失去了可持續發展的能力。

另外，組織發育的不均衡，讓現代化的管理體系失去落地生根的土壤。儘管積極向優秀公司學習借鑑，但是依然學不會，管理長期虛弱，低價競爭成為了看家本領，進一步削弱了企業自身的造血功能，難以從根本上改變薄利經營的窘境。比如，曾經拜訪過某印染企業，年銷售額 200 多億，利潤 9,000 多萬，利潤率 0.5% 的水準，真是怵目驚心。大多數老闆會將這一切膚之痛歸結為人工成本上升、政策監管以及稅率等外部因素，歸責於外因要遠遠大於內因。但是理性來看，人工成本上升是社會進步的必然，生態友好是社會發展的必然，正視現實，才能面對問題。

傳統企業轉型更新的四大誤區

1. 指數型增長的誘惑與線性型增長的困惑

何為指數型增長？即企業的經營以幾何級數增長，增長過程中資源的投入增加有限。何為線性型增長？即業績的增長與資源的投入正相關，而利潤水準受制於規模不經濟和管理複雜度提升，規模伴隨著資源投入的增加而增加，但是利潤水平增長緩慢。

指數型增長的企業很多，比如誕生於 2009 年的 Uber，既沒有像福特、通用、豐田（TOYOTA）那樣去生產汽車，也沒有向 Zipcar、赫茲（Hertz）那樣投資建設租車服務網路，Uber 不過是建立了一個簡單的、可有效解決搭車難與搭車貴等問題的新模式，便由此成為市值高達數百億美元，力壓索尼（SONY）、雅虎（Yahoo!）等傳統強者的明星型指數型企業。與之相類似的一個公司叫做 Airbnb 公司，Airbnb 公司成立於 2008 年 8 月，總部設在美國加州舊金山市，是一個旅行房屋租賃社群，使用者可透過網路或手機應用程式釋出、搜尋度假房屋租賃資訊並完成線上預定程式。目前，其使用者遍及 190 多個國家，數量超過 5,000 萬，被稱為「住房中的 eBay」和「全球最大的酒店」，美國第二大最具價值創業公司，僅位居 Uber 之後，目前市值已超過 310 億美元。2010 年 10 月兩名年輕的史丹佛大學畢業生，凱文．斯特羅姆（Kevin Systrom）和麥克．克里格（Mike Krieger）創辦了一個名為 Instagram 的公司，開發了一款用於捕捉和分享圖片的 APP，在成立短短的 16 個月，Instagram 公司的市值就達到 2,500 萬美元，2012 年 4 月，僅 13 名員工的 Instagram 公司被 Facebook 以 10 億美元的價格收購了。既然這裡提到了 Facebook，順便說一下這家傳奇公司，Facebook 創始人祖克柏（Mark Zuckerberg），一名史丹佛大學的學生，製作了一個線上分享交友平臺，平臺 2004 年 2 月分正式上線，在不到一年的時間裡，活躍使用者數量達到 100 萬人，到 2008 年 8 月，Facebook 公司共有 1 億名活躍使用者，到現在已經有超過 10 億名使用者，公司的市值也高達 4,200 億美元，另外，還有大家耳熟能詳的小米手機這一指數型增長的企業，小米在世人眼裡可謂是野蠻成長，其業績稱得上指數級增長。從 0 開始，實現了年產手機 7,100 萬部，15% 的市場占有率，數以千萬計粉絲參與的技術創新迭代，打造了涉及硬體、服務、電子、生活、社交等二十餘個行業和產業的生態鏈平臺；

實現了許多企業幾十年發展才可能達到的盈收水準和企業規模。我們不敢確定下一個指數型增長企業會出現在哪個領域，但是可以肯定的是指數型增長的企業會越來越多，也會越來越凶猛。

世界市值排名前十的企業之中，2010 年傳統企業占據 8 位，網際網路相關企業僅 2 席（微軟、蘋果），而到 2016 年傳統企業僅占 5 席，其他位置被網路企業所替代（蘋果、Google、微軟、亞馬遜、Facebook）。都說預測未來最好的方法是創造未來，當一大批網路企業或者傳統企業網際網路轉型企業實現指數型增長之時，傳統企業還在苦苦探尋出路，希望公司做大，一旦做大以後，隨著而來的是龐大複雜的營運體系。一邊是如火如荼的指數型增長的企業所帶來極具誘惑的戰果，一邊是步履蹣跚、亦步亦趨的線性型增長，所面對龐大而複雜的經營體系的困惑；一邊是輕鬆飄逸的輕資產營運，一邊是負重前行的重資產營運，傳統企業家渴望像小米那樣，輕鬆甩掉各種傳統的管理手段，以一種超然的姿態面對市場，卻無奈於當下經營與管理的桎梏，轉型更新之路可謂是任重道遠。

2. 工業思維的老化與網際網路思維的體系化

「沉舟側畔千帆過，病樹前頭萬木春。」這句詩詞來形容當下經濟形勢在合適不過了，一批企業倒下，一批企業新生。正所謂沒有夕陽的產業，只有夕陽的企業，沒有過時的企業，只有過時的思維。在工業時代所學習的經營與管理思維不再奏效，而奏效的想法尚未被接受。在網際網路時代，永遠不缺的是新穎的概念，缺的是網際網路時代的新型組織能力，很多是我們看不見、看不懂、看不起繼而跟不上的一些新思維，正在以前所未有的速度推陳出新，在這種快速動盪的變化下，管理者們尚不能有效地把握那些構成增長的因素，同時也未真正理解這些要素彼此之間的關係。還在艱難的按照工業經濟時代執行的規律在前行，然而，工業經濟有著其內在的執行規律，而數位經濟也有著其內在的執行規律，兩個層次、兩個時代下的不同產物，在加劇融合之中創造出全新的生存環境。

正如傑佛瑞·L·桑普勒（Jeffrey L. Sampler）在《策略的回歸》（*Bringing Strategy Back*）一書中描述的那樣：「許多企業就像老式汽車一樣 —— 個頭大、舒適、平穩，在平直路面上表現極為出色。然而一旦快速經過顛簸路段，變速器就會出狀況。靈活應變能力恰好能幫助企業杜絕此類現象的發生。」工業經濟時代的思維正在老化和受到前所未有的挑戰，最為顯著的就是：第一、目標的合理性和合法性受到挑戰，以前增量市場的背景下，增長是大趨勢，目標的制定權在企業老闆手中，與專業經理人們經過一番博弈之後，確定一個大家都能接受的目標，但是現在不是這樣了，目標的決定權在客戶那裡，客戶需求的流動性和非線性，以及行業生命週期的縮短，過分強調目標更多是一種制約，圍繞目標制定考核越來越難；第二、劇本化的資源配置模式受到挑戰，在工業經濟時代，確定目標之後，就是從上至下，按照不同緯度（職能、產品、區域、客戶等等）進行指標分解，然後根據指標分解配置資源，形成一個剛性有餘而彈性不足的「劇本」，然後大家根據「劇本」演好戲即可，但是，在網路時代，對於未來的不確定性，沒有人可以預測未來，不確定性已經大到如此程度，以致眾多公司仍然在運用的計畫制定方法，也就是根據可能性做預測，已經變的無用，即使還不是發揮反作用。基於遠景和使命下動態策略管理能力成為關鍵，而剛性的目標則更多會制約而不是促進企業的發展；第三、組織化的思維方式受到質疑，「大而全小而全」的組織建設思維正在被「不求所有、但求所用」的組織整合思維所取代，數位經濟帶來最大的好處是企業之間的交易成本大幅度降低，企業更多是找到自己的核心競爭力和核心競爭優勢，面對機會充分整合即可，而非完全擁有。換言之，當組織的經營理論已經失效時，它將無法對創造出來的機會做出建設性的反應。

《無邊界組織》（*The Boundaryless Organization*）一書中指出，工業時代的關鍵成功要素是規模、角色清晰性、專業化和控制，崇尚大量、規模化、流程固定的生產營運方式，生產營運成敗取決於哪家企業對市場需求「猜」得更準。而網際網路時代的關鍵成功要素是速度、靈活性、整合和創新。網際網路上大量分散的個性化需求正在以反推之勢，持續施壓於電子商務企業的銷售端，並反推生產製造企業在生產方式上具備更強的柔性化能力，並將進一步推動整條供應鏈乃至整個產業，使之在反應效率、行動邏輯和思考方式上逐步適應快速多變的需求。這也帶來了一系列全新的變化，比如：1. 需求重於競爭：需求為主，競爭為輔，企業經營關注的重點不在是競爭，而是需求，競爭作為輔助的、次要的要素，企業要考慮的永遠是差異化，追求的是新玩法和藍海市場；2. 速度重於規模：速度為王，小企業做大，大企業做小，雖然說規模大才能更好抵抗風險，然而速度才能贏得先機，必須要將規模和速度充分結合起來，並且將速度置於規模之前考慮，比如傳統企業要想把新品政策傳達到終端，需要經歷相當長時間和相當大的成本，但是在網際網路時代，那只有一個按鈕的時間，就可以讓全國市場同步、精準獲悉一個新產品的價格和政策；3. 聚合重於整合：商業模式就是要聚合，策略就是要整合，企業成敗關鍵正在從策略向商業模式轉變，以產業的視野尋找產業的痛點，這個時代已經不是大魚吃小魚、快魚吃慢魚的時代，而是群魚吃大魚的時代；4. 現金流重於利潤率：企業不能受制於現金流，但是更不能局限於利潤率，網際網路時代，要先做勢再做事，過去賠本賺聲量是被詬病的，但是現在這種玩法卻可以衍生出巨大的商業價值；5. 價值網重於價值鏈：未來的商業世界，解決方案才是答案，最終面對客戶問題時，提供系統性的解決方案才是企業整合的核心價值。

要適應這些變化，顯然工業經濟時代的那一套要打折扣，但是面對未來的新玩法，尚無一個可以完全借鑑的模式，即使有成功的企業，也是經過修飾和包裝過的「成功」，網際網路思維的體系化是需要不斷摸索和創新，必定是一次艱辛之旅。

3. 複雜巨系統的掌控與激盪大環境的挑戰

巴納德（Chester Barnard）說過，管理的藝術就在於「外部的適應性和內部的平衡性」，也就是說企業一方面要能夠適應不斷變化的外部環境，又能夠很好的平衡好內部各方面的關係。

聽起來很簡單，是吧？但是操作起來，難度會超乎你想像，任何一個企業老闆面對這兩個問題時，都不是那麼從容和淡定。更何況，在網際網路時代，多重工業發展階段並存、多種業務運作形態並存的大背景下，企業所面對的營運系統，已經不再簡單系統，也不是一個簡單的巨系統，而是複雜巨系統，經營管理中生產複雜性、管理複雜性、技術複雜性和經營風險複雜性，都是前所未有的，大量製造、大量訂製和個性化訂製都會存在，權重不同而已，產品的層次、服務的層次以及產品與服務組合的方式等都在動態的變化之中，多種業務和多種生態交織，比如，企業至少要面對三種生態系統，企業小生態、價值鏈中生態和價值網路大生態。單單面對企業小生態裡面錯綜複雜的多元文化、多種職能、多種業務模式、多種客戶業態以及不同年齡結構等等問題，已經困擾很多企業管理者，更何況要應對更大中生態和大生態系統，難度不可同日而語，然而，這些問題又是不可迴避的。另外，面對客戶需求的個性化和多樣化，以及採購方式的差異化，對組織能力的要求是系統的，某個人或者某個企業是無法滿足的，只有平臺化才能滿足。也就是說企業沒辦法做成孤家寡人，融入更大生態是必然趨勢，因此，對於如何處理複雜性和動態性將會是未來企業必須具備的核心能力之一。

對於外部環境的描述一直在說，畢竟外部環境是企業生存的客觀存在，無法迴避。對於外部的問題將在下一章重點展開，這裡就不做重點描述，可以簡單歸納為四個大的方面，第一，經濟大環境正在從高速增長向中低速增長轉變，第二，市場越來越規範，訊息越來越透明，行業的生命週期越來越短，任何創新（無論是技術的還是商業模式的）玩半年甚至兩個月都會有天壤之別；第三，跨界打劫、融合創新、入口爭奪等一系列新競爭方式，競爭變化越來越新奇特；第四，消費者需求像蝴蝶一樣飛舞，難以捕捉，消費的理性程度超越以往任何一個時期，主觀意識極強。如今，顧客需求的碎片化與個性化到達前所未有的程度，那些無法感知市場變化，缺乏迅速應對能力的大型企業們將被淘汰。及時感知、洞察到市場微妙需求，迅速行動，就必須在組織結構上重心下移，將權、責、利向一線傾斜，讓驅動企業成長的發動機從領導者和總部變為各個子部門，乃至每個員工。

在這樣複雜巨系統和激盪大環境背景下，在複雜的生態環境中要能夠準確的定位企業經營的核心密碼並非易事。企業現在一切的問題，歸根結柢是能力趕不上變化，又缺乏有效措施來實現能力的快速提升。簡單來說，企業存在著嚴重的速度不對稱和規模不對稱問題，速度不對稱，企業外部變化的速度要遠遠高於內部價值鏈變革的速度，外部需求的個性化程度遠遠超過內部製造體系柔性化革新的速度。回首內部問題時，又要面對多組矛盾點，比如外延式發展與內涵式發展的平衡，要做大也要做強；商業模式和技術創新的平衡，商業模式是座山，而技術創新便是養虎，放虎歸山才有力道，否則就成了籠中困獸；市場導向與組織權威的平衡，企業執行如何推拉結合，現在與未來有序發展，這兩股力量要做大合理分工；內部協同與外部合作的平衡，不但要內部高效協同，實現跨專業跨職能協同，還要與其他企業形成跨企業的合作（而不是簡單的交易）。平衡是一種能力，更是一個藝術。過去那種傳統的控制技術所關注的重點是精確性、快速性、穩定性和應變性，是建立在較為固定和剛性的控制邏輯和規則上的。未來要考慮的更多是啟用，在啟用中平衡，在平衡中啟用。

4. 企業策略定位的模糊與組織能力的匱乏

在有限的甚至僵化的能力，面對快速變化的無限需求面前，企業家變得越發的迷茫，策略舉棋不定。企業的策略定位迷失，導致策略逐漸虛無縹緲化，典型的有四種情況：第一種，策略口號化、隱形化。企業家本身處於策略創新的保密需要或者其他什麼想法，策略更多是停留在其個人頭腦之中，沒有一整套成文的、可參考的標準和原則，具體落實上，會透過口號的形式，依靠運動的方式來推進，企業家本人很辛苦，員工以及管理層也很茫然；第二種，策略拼盤化、碎片化。這種情況在集團公司比較常見，整個集團的策略就是多個子公司策略的拼盤，沒有圍繞統一的策略目標形成強而有力的資源聚合效應，各自為戰、簡單組合的方式普遍存在；第三種，策略模板化、格式化。策略還沿用過去那種標準的格式和模板，看起來有板有眼，卻沒有靈魂，空洞而瑣碎，看似洋洋灑灑好幾百頁 PPT，但是缺乏明確的核心思想和主旨，職能部門在配合制定策略規劃時，大多摸不到頭緒；第四種，策略目標化、功利化。這類策略規劃近乎是一個經營計畫，就是圍繞公司年度目標進行分解，然後確定達成目標的方式，僅此而已，至於未來會怎麼樣，前瞻性的變化會怎樣，沒人關心。

策略定位和組織能力始終是企業經營的兩個重要著力點，找準自己、塑造自己，否則會帶來一系列的問題。

☞ 策略方向模糊，資源配置無的放矢

資源配置是落實到部門的，在我服務的企業當中，很多企業經理人向我反映，他們部門並不清楚該堅持什麼，該放棄什麼？很多資源的調配是非常被動式的響應，而卻少前瞻的規劃和布局，例如，IT 部門的規劃，更多是技術層面的布置，但是到底該上什麼系統，什麼時間上，不一定。很多事情，從策略的層面上講，企業需要的是 CRM 系統，把客戶關係建立和完善起來，這關乎企業的核心競爭力，但是由於業務部門的阻撓（不願意把灰色的東西陽光化），很多事情 CRM 做不好或者壓根就推行不下去，而一些對企業經營影響不大的訊息系統，提升的只是某個部門的工作效率的事情，會被催促著趕緊上馬，結果是誰強勢誰說了算，而不是策略要什麼，做什麼，因為策略方向本身就是模糊的。

☞ 部門協同困難，遇到問題相互指責

由於沒有明確的該聚焦什麼，該放棄什麼。落實到部門層面的事

情，更多是部門負責人說了算，變相的推進了本位主義（山頭主義）盛行，專業分割導致訊息閉塞，多個橫向職能部門脫節，比如研銷脫節導致產品結構不合理，產銷脫節導致產品庫存高企，研產脫節導致產品設計與生產衝突，一旦遇到問題，便會相互指責，行銷部門說生產製造水準不行，生產部門說設計部門能力不行，設計部門說採購原物料不行，採購部門說財務部門資金管控太死，財務部門說行銷部門回款不力，繞了一大圈也找不到誰的責任，其實歸根結柢還是策略沒說清楚，組織龍頭和營運導向模糊。

☞ 業績增長乏力，經營成本不斷高企

如果說客戶不關注企業，那是行銷的問題；如果說客戶關注企業而不採購，那是經營的問題；如果關注並採購，但是抱怨特別多，那便是管理的問題。可以說，行銷問題、經營問題和管理問題都會直接或間接的影響公司的業績增長。公司一旦成長乏力，企業需要思考的是不是行銷模式落伍了，是不是經營模式失效了，是不是管理模式滯後了，找到問題，從策略切入，要知道行銷的是策略的，經營的是策略的，管理的也是策略的，只有策略思考，方可從源頭著力。

☞ 組織體系臃腫，應變能力日漸減弱

企業的規模膨脹過程實際上就是一個遠離市場的過程。面對不斷個性化的需求，原有體系的原有模式，官僚主義和本位主義盛行，組織越來越無法感知市場的聲音，僵化的組織體系在影響著業務的健康發展，過時的管理僵化了業務的靈活需求，企業思考問題會逐漸從市場和客戶轉向企業內部人員和關係的處理上，這是要千萬提防的，不創造客戶價值，一切經營活動都是多餘的。

☞ 評價標準混亂，價值貢獻難以說清

企業經營始終是圍繞著「價值創造－價值評價－價值分配」的三循環開展的，這也是企業人力資源管理的基本原則，誰創造了多少價值，獲得多少回報，如何進行價值評價和價值分配，是保證公平性、維護積極性的關鍵。然而，一旦策略出現為題，取捨的標準沒有了，行銷客戶會轉變為行銷老闆、行銷主管，主管高興、老闆高興可能成為「加官進爵」的關鍵，一旦企業失去了公平性，失去了圍繞客戶價值的核心，「陽氣」便會褪減，企業內部的「陰氣」和「妖氣」便會蔓延，產生的各種隱性成本難以估量。

☞ 執行難以到位，形式主義逐漸蔓延

或許在策略不清晰之前，應當減少談執行力，因為企業離要求執行力還很遠。如果強行要求，可能會在錯誤的路上走得更遠，也可能會引起強大的反抗力量。在很多公司內部，我們看到人浮於事，而卻少生機勃勃的創業創新熱情，企業想做大基本上是不可能的。有些企業在塑造青春，而有些企業不過是進入一個無形的牢籠，按部就班做著令人乏味的工作。

第二章

網際網路時代的經營新命題

善於利用結構性趨勢的人幾乎肯定會成功。然而，要和結構性趨勢作對抗，在短期內是很困難的，在長期則幾乎是沒有指望的。

——彼得·杜拉克

我們常說，離開了所處的背景，所有問題或者答案都是沒有意義的，迴避時代背景，無異於掩耳盜鈴，畢竟再強大的種子也比不過其生存的土壤。企業家經營企業就是要在當前生態背景下，找到企業經營的核心密碼，指引企業走向成功或者是避免失敗。順勢者昌，逆勢者亡，企業家身為網際網路轉型的頂層設計師，必須認清大勢所趨，並領導企業在趨勢裡努力。

寶僑公司（Procter & Gamble，簡稱 P&G）首席營運長羅伯特·麥克唐納（Robert McDonald）借用一個軍事術語來描述這一新的商業世界格局：「這是一個 VUCA 的世界。」VUCA 指的是不穩定、不確定、複雜、模糊的英文單字首字母縮寫。需求變化的不規則和競爭變化的跳躍性造就了這樣一個劇變的商業大環境，快速變化成為我們這個時代的主基調，知識、技術、資本、網際網路等多種要素在發生劇烈化學反應，為我們不斷重新整理商業介面，改變著人們的生活方式和企業的經營方式。

對於企業來說，當大規模生產已經不再具有競爭力的情況下，如何尋求企業的持續成長，如何定位自身成長的方向？成為這個時代下，所有企業的共同命題，如處理得好，則可成為佼佼者，處理得不好，那結果只有一個，被快速地淘汰，要持續成長，就要跟上這個時代，這需要我們了解這個時代變與不變的內在規律。

網際網路時代的變革

在 2008 年之前從事管理諮商活動中，進行行業分析，常常會提及一個概念「暴漲」，似乎每個行業都是機會無窮，潛力無限。跑馬圈地的策略可以讓企業快速做大，現在，最大的感受就是成長緩慢，需求和競爭變化無常，企業的經營策略的有效性大打折扣。

自 2012 年起，總體經濟進入新常態，典型特徵是高速成長向中速成長轉變，結構優化，創新驅動等。在新常態的大環境下，各行業總體呈現出增量市場向存量市場轉變，成長導向向週期導向轉變，外延式成長向內涵式成長轉變，消費、競爭和企業經營都在發生著深刻的變化。

1. 消費主權意識覺醒，個性訂製崛起

網際網路對於消費者來說，已經是一種生活方式，數位化生存成為一種常態。使用行動裝置已經成為國民生活重要的組成部分。消費者數位化存在已經不是什麼新鮮的概念了，而是一個切實發生的改變，改變著人們的工作、生活、消費、娛樂、休閒等的各方面，網際網路改變著人們的生活方式的同時，也改變了商業世界的權力分配方式，繼而必然改變企業與客戶的互動方式。

這種改變也是伴隨著網際網路技術的深入而不斷改變的，網際網路於 1969 年誕生於美國，初期只是作為高度精密尖端技術，存在於少數專業人士圈子內部，直至 1990 年提姆・伯納斯 - 李（Tim Berners-Lee）透過超文字連結技術（HTTP）發明了首個網頁瀏覽器 World Wide Web 起，開啟

了 WEB1.0 時代，極大地開闊了人們的視界，圖文並茂讓人們獲取訊息成為一種輕鬆便利的事情，上網瀏覽網頁一度成為年輕人追捧的時尚，對商家品牌的了解從網站或者搜尋引擎中獲取成為一種全新的品牌認知方式。直至 2004 年，網際網路泡沫破滅之後，網際網路以一種全新的互動方式出現，開啟了 WEB2.0 時代，人們既是網路內容的接受者，也可以成為內容的發布者，人與人之間可以在網路世界隨時隨地互動，消費者對於商業品牌也不再是被動的、默默接受者的姿態，而是以影響者、參與者的姿態主動參與，網際網路極大的拉近了企業與消費者之間的距離，以往企業以神祕、高貴的不可觸控的存在，被消費者一覽無遺，以往透過品牌部、公關部、推廣部等多個專業部門來修飾標榜自己的做法不再奏效，消費者對品牌具有終極發言權，親民、互動成為建立品牌的基礎，尤其是供應鏈較短的服務行業。自 2011 年起，隨著工業網際網路和智慧製造等核心概念的相繼推出，網際網路正在從消費網際網路領域向工業網際網路領域加速滲透，WEB3.0 時代不可阻擋的到來了，消費者不僅對企業的品牌產生影響，還會參與到企業經營的各方面，參與企業的研發、設計、製造和行銷等多個環節，成為企業不可或缺的重要經營資源。

隨著消費者主權意識的增強，消費者消費特徵也在發生著諸多變化。

☞ 感性認知、理性消費

消費者獲知品牌或者產品，更多依賴朋友或者同事推薦，畢竟網路訊息太多太耗精力，但是，消費者不再簡單跟風，不再盲目跟從，而是以一種非常理性的姿態來消費，消費上也越來越展現出極簡化、精品化和個性化的特點，不是自己需要的不買，不是高品質的不買，不符合自己個性的不買。

☞ 自我標榜、拒絕推銷

在數位化生存的今天，以網路時代原住民為代表的年輕一代，他們的消費方式越來越行動化、娛樂化和社群化。年輕一代的消費者具有很強的自我意識，不喜歡被標籤化，企圖將這一群體標籤化的做法恐怕會失望，這種早期管用的市場細分的做法多少會失效，因為這一群體標新立異並且很多具備技術控情節，對產品的細節了解非常詳細，消費的主動性強，不喜歡被別人推銷，更不喜歡那種被推銷的感覺，然而，中國大多數企業依然習慣於根據產品特性來細分市場，而忽視根據客戶需求差異來細分市場。

☞ 社群活動、體驗為王

新一代消費者線下可能是個宅男，但是線上卻非常活躍，可能足不出戶，但是盡知天下大事，他們會根據自己的興趣愛好，加入不同的社群，在社群中獲取自己想要的存在感。他們對於品牌的認知也會更加理性，傳統的傳媒工具的吶喊，他們封鎖，線下的叫賣聲，他們無視。體驗才是對品牌認知最好的方式，這也對企業的系統能力提出了全新的挑戰，傳統的品牌、公關、策劃和推廣等部門會逐漸成為歷史的產物，貼近客戶和滿足客戶的互動能力成為獲取信任並建立客戶關係的主要方式。

☞ 主張價值、購買力強

七年級、八年級一代以及中產階級的崛起，讓這群消費主力軍具有更強大的消費能力，消費過程中價格從最主要的考慮因素變成了次要因素，能夠獲得更大的價值，比如產品效能是否更優越、消費過程體驗是不是很好、售後服務是否貼心等等成為焦點，這些在傳統工業品市場行銷中關注的焦點，正在向消費品行銷滲透，價值行銷會成為未來企業在行銷活動中不得不去面對的，讀懂並滿足他們，你才是品牌。

☞ **需求更新、個性訂製**

在消費者主權時代，消費者日益從注重產品功能轉向注重情感、文化、時尚和潮流，轉向注重產品帶來的體驗和價值，從大眾化的產品轉向追求多樣化、訂製化和個性化的產品。需求逐步更新，高頻次、快節奏、多變化的需求讓很多傳統企業難以應付，個性化訂製讓每一件產品都各具特色，訂製將是未來的商業模式的主流。

2. 虛擬實境融合創新，競爭方式多樣

網際網路的技術結構已經決定了商業世界運行的基因。網際網路技術是去中心化的，是分散式的，是互動的，也是平等的。網際網路的特徵就是透過數據為紐帶，不斷虛擬化商業活動，為了實現某種特定的目的，將分散式資源以最高效的組合方式，衝擊和改變著原有的資源整合方式和商業運作形式，在網際網路所建構的世界裡，每一個環節都是平等的，每一個節點都是彼此增強的，網際網路本身並沒有改變物的存在，但是它卻在重新定義物的存在價值和目的，正如紀錄片《網際網路時代》中所說的那樣，每一個我都讓你變得更強大，每一個你都讓我變得更高效。

按照杜拉克的觀點，網際網路最大的貢獻在於消除了距離。網際網路是一種虛擬的連結，透過數位化連結，建構一張巨大的網路，網路中的每一個節點都是一個客觀的存在，從商業的角度就是供需鏈中的各個環節，這張網路變成了虛實相結合的網路世界。這種連結與網路會帶來

諸多全新的變化：

第一，實體與虛擬會加速融合。傳統企業與網路企業的界限會逐漸模糊，由於實體企業與網路企業在商業世界各自有其存在的價值和意義，今天我們還會從實體企業和網路企業的角度來思考網際網路＋和＋網際網路的區別，但是當虛擬和實體逐漸融合，所有企業都將是網路企業，所有企業也都有實體存在，網際網路＋與＋網際網路將不再有區別。然而，由於傳統企業與網路企業在靈敏度上的不同，總體表現出傳統企業融合互聯，創新模式，而網路企業滲透傳統，推進資源整合建構壁壘。

第二，數據成為全新驅動要素。網際網路時代將消除資訊不對等所形成的商業狀態。在傳統的工業時代，廠商之間透過資訊不對等來引導消費者甚至誘導消費者，獲取巨大的商業利益，但同時也潛藏著因為資訊不對等造成的商業損失，諸如因「牛鞭效應」（Bullwhip effect）而產生的大量產成品滯銷和庫存積壓，讓很多傳統企業在當下全新經濟環境下苦不堪言。網際網路打破了資訊不對等，使得資訊更加透明，「以客戶為中心」從商業準則變成商業現實，為客戶創造價值的環節被透明化了，不創造價值的環節將逐漸被優化或者淘汰，可以說，網際網路技術正在加速、優化和創新商業營運：1. 透過社群化的方式改變與客戶的互動方式，從過去的猜測變成了精準，單向推式行銷變成了雙向互動行銷；2. 透過平臺化的方式優化資源配置方式，企業從一個剛性的整體變成一個開放的組織，每一個環節都可以成為一個介面，網際網路＋傳統企業，正在逐漸演變為網際網路＋職能模組，企業逐漸成為平臺，同時，每一個職能模組也在成為平臺，寶僑的研發群眾外包平臺就是典型；3. 透過數據化的方式優化組織營運效率，企業營運的每一個環節都可以被量化，低效或者負效環節無處遁形，正如西門子安貝格工廠那樣精益生產與精益管理充分結合；4. 透過網路化的方式創新商業模式，模式創新在不斷融入網路因素。

第三，促進商業格局兩極分化。由於網際網路技術帶來資源連結成本的大幅度降低，資源聚散更加便利，企業原有的生存法則發生改變。大眾產品消費市場中，強大的品牌影響力和成本與品質管控能力依然是企業成功的關鍵，強勢企業以其傳統工業時代所具備的優勢，利用網際網路技術重新整理核心競爭力，依然可以在關鍵成功要素上保持優勢，獲取「贏者通吃」效應，推動大眾品牌的市場持續集中，而原有利用資訊不對等來獲取經濟收益的小品牌或者假冒偽劣品牌會因生存壓力而快速被淘汰，市場會逐漸規範，另外，以一技之長、貼心服務滿足小眾產品市場的小眾品牌異軍突起，與大眾品牌的強勢廠商形成互補。

第四，企業前後臺將深度融合。消費網際網路對傳統產業影響主要集中在產品走下生產線，接觸消費者的「櫃檯」。例如行銷、流通、售後等環節，而在工業網際網路時代，新一代數據技術正從價值傳遞環節向價值創造環節滲透，對原有傳統行業造成很大更新換代作用。我們在此將「後臺」限定為價值創造環節，包括供應鏈、設計、生產線、庫存等。冷冰冰的後臺曾離使用者很遠，如今不但距離在拉近，而且有了情感與溫度。

那麼，未來競爭會發生在哪裡？答案是唯一的，必須是在消費者介面上，如果不是在消費者介面上的競爭行為很可能是無效的，要更加主動市場細分切割，透過消費者的口碑來締造品牌，圍繞客戶價值不斷更新創新，打通入口。同時，競爭理念也將發生改變：1. 強調核心競爭力基礎上的瞬時競爭優勢，資源的高效快速聚散能力和快速變現能力突顯；

2. 企業不存在嚴格意義上的競爭對手，原來的競爭者隨著企業自身定位的改變可能變成合作者，比如，企業原來是個製造商，現在變成整合衣務商，那麼，原來競爭對手的優秀產品成為你的解決方案的一個要素，比如 IBM。再比如原來你是製造商，現在你是平臺服務商，那麼原來競爭對手則可以透過你提供的平臺來服務客戶。

3. 商業生態系統運作，經營全面更新

要實現使用者個性化需求何其困難，面對這些的需求，企業傳統的營運系統與變化的需求之間產生了一些不可迴避的矛盾：個性化與工業化大規模製造之間的矛盾；企業的有限能力與客戶的無限需求之間的矛盾；製造的單一性與需求的多樣性之間的矛盾；製造的效率遞增與消費的效用遞減之間的矛盾……

在日益全球化和網路化的現代商業中，個體的豐富性、多元性、差異性和易變性等特徵，決定了企業關注的策略焦點將不再是企業甚至行業本身，而是整個的價值創造系統。企業僅憑單打獨鬥是無法立足的，而是要依靠商業生態系統的力量來應對多樣多變的需求，就像自然生態系統中的物種一樣，商業生態系統中的每一家企業最終都要與整個商業生態系統共命運，共同應對變化。

「與趨勢為伍，與強者聯盟」逐漸成為企業家的共識。無論是主動選擇生態化，還是被迫走上生態化的道路，生態化經營已經逐漸成為企業界關注的焦點。不管你做什麼生意，生態化經營都是企業未來的轉型更新方向。

☞ 社群化——改變客戶互動方式

廣義社群是指某些邊界線、區域內發生作用的一切社會關係。線上社群是一群人自主自發的在網上聚集而形成的擁有共同價值評判標準、類似的訴求和目標的虛擬實體。線上社群形式多樣，比如交友、學習、生活技巧、商業等等方面。線上社群是一個開放的虛擬關係，聚散比較隨意，因此，客戶黏著度和內容創新變得非常重要。圍繞社群這一特殊特質，目前興起一種全新的行銷模式－社群商務，透過創新客戶（使用者）互動方式，傾聽客戶（使用者）的意見，快速迭代優化產品，持續保持客戶（使用者）參與熱度，提升其參與感和存在感。

你不理客戶，客戶也不會理你。線上社群與線下社群一樣具有溫度和感召力，也會有層次清晰的遠近關係，社群會圍繞一個產品或者某個人為核心，線上社群所提供的內容一定要具有社交化、娛樂化和場景化，讓參與者獲取的價值和快樂，繼而成為你的產品或者個人品牌的忠實支持者和重要推廣者。

☞ 平臺化——優化資源整合方式

平臺（Platform）一詞源自於火車站月臺，意指進出聚散的關鍵場所。對於企業來說，平臺是一種重要的資源整合方式，也正在演變為網際網路時代的一個重要競爭策略。2013 年，哈佛大學湯瑪斯．艾斯曼教授（Thomas Eisenmann）研究顯示，全球最大 100 家企業有 60 家企業主要收入來自平臺商業模式。海爾在商業模式創新中的目標是什麼？就是「三化」：企業平臺化、員工創客化、使用者個性化。平臺是商業生態的焦點，是面對 N 中市場供給與 M 種客戶需求的中轉樞紐，平臺化策略的基本模式就是「N×1×M」，其中的「1」就是平臺，既是資源匯集的入口，也是價值輸出的出口。

平臺，已經成為一種重要的社會現象、經濟現象、組織現象，網路企業的「平臺＋多款應用程式」，傳統企業的「大平臺＋小前端」，企業平臺化就是使企業一下子讓全球的資源都可以為你利用，網際網路時代不再像以前追求產業集群分布的強地域關聯，平臺化整合，離散化分布，即使地處偏遠一隅也可以整合全球最優質的資源。

☞ 數據化 —— 提升組織協同效率

數據技術發展到今天，網際網路化的本質和核心，其實就是「數據化」。傳統企業即使收集了一些數據，但其數據的粒度、寬度、廣度、深度都非常有限，由於缺乏數據，實體店對自己的經營行為、對消費者的洞察以及和消費者之間的黏著度都十分有限。隨著數據化的不斷深入和擴大，整個人類的歷史都將以數據的形式而存在，數據就是靜態的歷史，歷史就是動態的數據。當一切交易或活動被數據化以後，歷史和現實就可以透過數據來重建、分析和解構，透過數據看清問題、發現盲點、把握未來。

麻省理工學院一項針對數位業務的研究發現，那些在大多數情況下都進行數據驅動決策的企業，它們的生產率比一般企業高 4%，利潤則要高 6%。有遠見的公司已經把數據驅動決策融入到他們的日常工作中，在做決策時可以容忍疑問，甚至異議，只要這些質疑是基於數據和分析的基礎上，這才是真正的數據驅動型企業。如果你的企業還沒有開始建構數據化營運體系和數據化的組織建制（數據分析職位會越來越重要，越來越專業），那麼，你的企業很可能將因為失去數據打造的核心競爭力而苟延殘喘。

☞ 網路化——創新企業商業模式

商業模式的基礎是生態化，網路化促成生態化。什麼是網際網路化，在我看來，主要就是「四個化」，第一是商業模式網際網路化，第二是產品體驗網際網路化，第三是市場推廣的網際網路化，產品的推廣要基於好的產品體驗，依靠口碑進行推廣傳播。第四是產品銷售的網際網路化，透過商務電子化壓縮中間管道、環節等不必要的成本。」網路生態經營的代表企業分為數類，其中，有些企業是「流量生態」或者說「廣告生態」，這符合網際網路時代的前沿性特點，也是以網際網路技術為主輕資產公司所選擇的最佳策略。某些生態型企業，即圍繞生態級實體產品（也包括服務）展開的生態系統。

生態型企業實際上是建構了一個「電商平臺＋硬體＋軟體」的閉合商業生態，具體運作包括粉絲營運和內容營運；另外一個維度的產品鏈，透過資本輸出和品牌輸出，完成對消費電子產品的創新支持，兩者結合起來，建構了一種類似「加盟連鎖」的品牌共生性生態系統。

建構產品型生態實際上是有壁壘和要求的，產品必須是具備生態型特質的，能承載終端、應用、內容和平臺價值的才能作為生態級產品，這一生態系統的建構，對於企業的管理能力和資金保障能力都是極大的考驗。

網際網路時代的不變因素

網際網路時代最大的特點是變，但是，在這些變化之中，我認為有兩個要素是始終不變的，即創新求變的企業家精神和供需關係一體化的商業核心。

1. 創新求變的企業家精神

「企業家精神」是企業家特殊技能（包括精神和技巧）的集合。關於企業家精神，不同的人有不同的解釋和理解，我的看法很簡單，創新求變是企業家的基因。

☞ **企業家精神第一條：創新**

什麼人最創新，我說創業的人最創新。企業家從創業的那一刻開始，就開啟了一段漫無邊際的解決新問題之旅，面對新的問題和新的挑戰，注定要用創新求變的思維應對變化，墨守陳規、因循守舊恐怕是難成大業，也談不上所謂的企業家。管理大師彼得．杜拉克在《創新與企業家精神》（*Innovation and Entrepreneurship*）一書中指出，「企業家總是在尋找變化，對它做出反應，並將它視為一種機遇加以利用」。企業家工作的本質就是「創造性破壞」，這是經濟學家熊彼得（Joseph Schumpeter）對企業家精神的經典詮釋。

創新，是企業家的靈魂。與一般的經營者相比，創新是企業家的主要特徵。企業家的創新精神展現為一個成熟的企業家能夠發現一般人所無法發現的機會，能夠運用一般人所不能運用的資源、能夠的找到一般人所無法想像的辦法。企業家眼裡沒有事無鉅細的小事，而總是在謀劃和布局，勇於嘗試新思路和新方法，不願意一塵不變或者按照競爭對手的方法運作，他們知道那樣根本無法戰勝對手，要想贏就得要「守正出奇」，透過創新來推動事情往自己構想的場景發展，方法、方法無定式，有了創新精神，注定是開放的、包容的。

創新精神展現的是企業家的洞察力、決斷力和行動力，面對市場變化的敏銳嗅覺、市場定位的決斷力和資源整合的行動力，創新精神是企業家領導力的全面展現，面對變化的精進精神；也是責任意識的展現，帶領一群人，為客戶創造價值，為員工謀求福利，責無旁貸。無論打江山還是守江山，創新精神都是永恆的，不然很可能落入「嘉慶變革」那樣的後果，面對新問題和阻力，最後只能落入「守祖制、內自省」的老套路。

☞ **企業家精神第二條：求變**

求變就是要打破原有的框架，就是要不拘一格，企業家是一群有著英雄情結、冒險精神的特殊人群，他們有著自以為是的傲氣，同時也是有著自以為非的魄力，勇於堅持，更勇於否定自己，表現出異乎常人的膽識和魄力。

求變，更是識變、應變。「窮則思，思則變，變則通」，求變是一種企業家精神中的主觀自我能動性，是「自殺求生」的精神，可以說「求變就是求贏」。很多人動輒站在道德制高點上，對企業家不甘現狀，謀求變局的想法，提出這樣或者那樣的批評，我認為這是不對的，你是一隻站在岸上的雞，永遠也不會知道另外一隻在激流中奮力游泳的鴨子的處境，不能理解，卻大肆指責，多少有些不符合道義。在我諮商或者培訓的客戶裡，我很喜歡與企業家們天馬行空的暢談未來，或許一些現在看似不可能的，就會成為未來的主流，我願意做得更多是在這些想法後面提供系統思考的理論支持，在可能性和可行性之間尋找契合點。杜拉克說過，企業家要走在時代的前列，我想這也是求變思維最好的佐證，企業家需要的不是指責，而是恰到好處的幫助和支持。

求變，就要敢想、敢做、敢付出。就是要有將別人眼中的不可能變成可能的豪氣。沒有先例的商業模式並不等於沒有具體的參照或者說沒有具體的路徑、線索用來選擇。在確定自己的經營模式的過程中，只要抓住在網路時代怎樣做商品經營，怎麼樣為顧客服務，就找到了未來的解決方案。

2. 供需關係一體化的商業核心

寇斯（Ronald Coase）指出，企業本質是一種資源配置的機制，企業與市場是兩種可以互相替代的資源配置方式。換句話說，企業之所以存在就是要透過資源配置，實現供需匹配和產銷平衡。另有學者認為：「在網際網路創新的種種現象或形態背後，隱含的基本規律就是，供需一體化所帶來的資源利用和價值創造的有效性。」追求供需關係一體化是商業世界執行的核心，每一次工業革命的發起，其根本原因都是人類相對滯後的生產手段與不斷擴大的需求間的矛盾，每一次生產力的變革都是緩解這一矛盾的過程。

供需關係一體化，即企業、客戶、產業鏈的一體化。產銷分離繼而導致產銷背離，資訊不全、失真、滯後等一系列問題是產生產銷背離的根本。儘管在工業時代存在結構性供需矛盾，但是依然不能否定供需關係一體化的核心，以服裝和手機行業為例，來演繹一下。

在服裝行業，有幾個非常典型的代表。優衣庫和 ZARA 等。優衣庫既沒有採取快速反應策略，也沒有推行快速時尚路線，而是充分發揮原物料的優勢和強大的研發能力，在各地開設了大型的基礎類服飾商店。它的成功源自於其清晰的高階定位，並與高階定位相匹配的產品研發能力，打通了供需關係一體化。ZARA 把服裝定義為快時尚，ZARA 不預測流行趨勢，也不製造輿論引領時尚，而是透過不斷地推出新產品，尋找消費者的真正需求。以追求時尚的年輕消費族群為目標客戶，透過快速的設計和高效的供應鏈網路，打造服裝界的快時尚，其成功再一次驗證了供需關係一體化。

在手機行業，按照供需關係一體化的邏輯，似乎與服裝行業極其類似，Nokia 在功能機時代，以品質、價格和服務的綜合能力打敗了手機鼻祖摩托羅拉（Motorola），成就了王者榮耀，讓這一個北歐國家芬蘭的產品暢銷全球，市場占有率一度達到 46% 的霸主地位，加之，強大的市場運作能力和管道操作能力，使得其他國產手機無法存活。進入到智慧機時代，蘋果手機以「系統＋硬體＋網際網路服務」的結合帶來全新的使用者體驗，引領了一個全新的智慧機時代，顛覆了 Nokia 看似不可撼動的地位。

供需關係一體化就是需求和供給之間的一致性，這一邏輯適用於任何行業，供需關係一體化本質上是市場定位與組織能力相匹配的過程，是一種供需連結機制。在網際網路時代，供需關係一體化的努力逐漸深化，社群商務透過創新客戶互動方式，走進客戶需求鏈，走進客戶生活方式，精準把握客戶需求。物聯網和智慧製造建設，實現了數據為驅動推進生產製造的高效精準。雲端計算和大數據系統的發展，寄望於更好的推進需求和供給關係的整合與統一，深挖潛在需求和把握需求趨勢。

網際網路時代的商業變革趨勢

當今，商業世界裡依然在爭論網際網路是工具，是思維，還是基礎設施。這些都是見仁見智之事，視角不同而已。我們認為如果從為客戶提供價值的角度，網際網路是工具，為價值創造提供便利；要是從提升營運效率的角度，網際網路是思維，在創新資源的整合和互動方式；而要是從整個商業社會的角度來看，網際網路不過是基礎設施，如水、電、天然氣一般。可以說，網際網路既是工具，也是思維，同時還是基礎設施。擱置爭論，面對趨勢，選擇適應潮流的經營決策才是最佳的，也是最理性的。

1. 從以企業為中心向以客戶為中心轉變

一切表現出來的都是形式，本質永遠是深藏於形式之後，驅動形式的變化。要透過現象看本質，還得研究形式，分析形式的變化來探尋本質內涵。這一本質的探尋，可以從商業正規化的變化來進行觀察研究。

網際網路時代，由網際網路所引發全新商業正規化，基本特徵是「客戶驅動」，無論是工業品還是民生消費性用品，都展現了這一個變化，與之對應的是工業時代「商家驅動」的商業正規化。工業時代，以廠商為中心的商業正規化，其基本特徵是：以廠商為中心、大規模生產同質化商品、單向「推式」的供應鏈體系、廣播式的行銷、被動的消費者。而「客戶驅動」則完全反過來，是以消費者／客戶為中心的商業正規化，其基本特徵是：消費者為中心，個性化行銷捕捉碎片化、多樣化需求，「拉動式」的供應鏈體系，大規模社會化協同實現多品種小量快速生產。

近十年前，我的一個做家具的朋友，向我訴苦，他們的業務是做廚房家具，廚房家具是一個訂製化要求較高的產品，要根據不同房型和位置，如果做標準家具，則市場有限，做訂製家具，難度又很大，需要大量的人力和物力來支撐，當企業經營規模做到一定程度後，再怎麼也做不大了，問有何有效解決方案，當時面對這樣的問題，我給出的答案是希望他能夠把產品系列化和模組化，透過模組組合來滿足需求的差異化，顯然，這一建議當時並沒有得到很好重視，因為從當時這家公司的規模和實力來看，實現起來難度不小。然而，沒過多久，某家家具訂製企業給出了完美答案。該企業成立於 2004 年，當時面臨兩種選擇，像大部分家具企業那樣，以大生產、大庫存的模式面對大眾市場銷售單一產品，還是另闢蹊徑，面對小眾市場銷售個性化產品？該企業將兩者結合，選擇了一種大規模實現個性化訂製的模式。在年產值 3 兆元卻沒有任何一家企業的市占率超過 1% 的家具行業，如何才能面對中產消費者實現全屋家具訂製？該企業的商業模式是這樣的：基於網際網路的即時交易和互動設計系統，讓消費者參與設計，參與設計平面布局和體驗全屋模擬，透過條碼化生產自助查詢訂單進展。這套系統實現了消費者、終端門市、公司和工廠之間緊密連繫。另外，企業採集了數千個房地產的數萬種房型資料，建立了「房型庫」，輔以自身的「產品庫」，消費者的選擇、對比、修改，就有了現實的基礎。基於這兩個資料庫，也就可以組合出多種多樣的空間整體解決方案。

訂製將是未來的商業模式的主流，它的要求是個性化需求、多品種、小量、快速反應、平臺化合作。消費者全程參與企業經營的各個環節，品牌推廣，研發設計、生產製造等等迫使企業越來越透明，生產商根據市場需求變化組織物料採購、生產製造和物流配送，使得生產方式由大量、標準化的推動式生產向市場需求拉動式生產轉變，企業生產體系必須適應「多品種、小量」的要求，才能「接得住」蓬勃的個性化需求。

2. 從產業鏈關係一體化向供需關係一體化轉變

供需關係一體化是商業核心，是商業世界的核心邏輯，很多企業出現問題或者經營出現困境，都可以從這個角度出發來思考，比如說，是不是目標市場開始萎縮，是不是市場需求發生轉移，是不是供應系統在滿足企業的目標市場上存在不足，是不是供需介面上存在著資訊壁壘等等，供需關係一體化是一個動態的概念，工業時代對於供需關係一體化的思考更多停留在靜態觀點，一旦確定目標市場，那麼圍繞目標市場提供產品或服務的做法，就將企業的注意力和焦點放在產業鏈上下游的合作上了，換句話說，就是從產業鏈關係一體化的角度思考問題，如何跟上游廠商合作，如何跟下游代理商合作等等，兼併重組等一系列策略舉措更多也是圍繞這個主題來的。那麼，在未來，這種靜態思維一定會被動態的供需關係一體化思維所取代，經營模式和商業模式也將會從產業鏈關係圖一體化向供需關係一體化轉變。

未來的商業，隨著網際網路技術進一步發展，商業世界集中表現出「三多三少」的局面，三多為「資訊氾濫、知識盈餘和產能過剩」，三少為「創新不足、信任缺失和精力有限」，如何抓住消費者有限的精力，快速建立信任，你的商業模式和營運模式，必須要將你的客戶納入進行系統思考，並且能夠動態柔性地跟隨著客戶的變化，始終把握市場的脈搏。網際網路作為一種非常重要的通訊技術和工具進入社會生活和商業世界，為供需關係一體化提供了極大的便利，網際網路在連結商業世界過程中，一定會透過透明化的手段，在需求和供給之間建立起更深遠的關係，「網際網路＋」或者「＋網際網路」等手段，在供需關係一體化的程式中，一定是先做減法，來實現價值增值。網際網路的「減法邏輯」有三大重要舉措，第一是「減閒置」，透過訊息和數據，將閒置的、不創造價值的資源和環節消除；第二個是「減邊界」，透過全新的訊息化手段打破傳統交易與合作邊界，減少不必要的交易成本；第三是「減低效」，透過訊息化方式連結，發揮資源聚焦與整合，將低效環節進行系統整合，降低不必要的浪費，充分發揮資源整合效應。

供需關係一體化不是站在單一企業的立場，也不是從一個行業的角度出發，而是從整合產業的角度，圍繞客戶需求為核心，如何利用數據技術方法，將所有相關方利益整合為一體，共生共榮的體系，是將有形的物和無形的服務，以追求最佳的方式進行配置，打通供需兩大系統，UBER 如此，凡是成功者，不再將消費者視為一個笨蛋，而是一個非常理性的需求者，作為一個系統來對待。

3. 從規模經濟和範圍經濟向利基經濟和深度經濟轉變

牛津大學學者詹姆斯．哈金（James Harkin）寫了一本書《小眾，其實不小》（*Niche: Why the Market No Longer Favours the Mainstream*），書中明確指出，未來社群經濟將取代「將所有商品賣給所有人的策略」，在書中他提出了「中間市場」一詞，中間市場過去是最廣闊的市場，即那些使用者並非你最核心的使用者，但是他們選擇不多，而你的產品又能勉強滿足他們的需求。過去他們會成為你的客戶，現在不可能了，因為同樣的需求可以被另一些競爭者更精準地滿足。

目前很多企業面臨的經營難題就是如何實現持續成長，這種持續成長往往是在傳統行業中面對飽和的市場是引發的困惑，他們努力透過規模經濟和範圍經濟的方式，來持續降低價格，透過價格優勢銷售同質化的產品，在近身肉搏的紅海市場，最終獲得的只能是高庫存和垂危的資金流。當這種紅海競爭中，有許多不敢淪落的企業選擇以差異化的產品來滿足客戶的個性需求，正如《藍海策略》（*Blue Ocean Strategy*）作者金偉燦教授（W. Chan Kim）所言，對市場進行進一步細分，找到個性需求，將競爭上升到另一個層次，推動企業向更高層次提升。

規模經濟和範圍經濟是典型的工業時代概念，規模經濟試圖透過產量的成長來攤薄成本，實現價格降低，而要試圖實現規模經濟，產品的標準化程度自然要高，帶來同質化價格戰。而範圍經濟是試圖透過在同一個空間內生產多種產品，實現產能利用的最大化，以此來實現成本降低，目的都是一樣，透過產能的高效利用來實現產品成本的降低。無論是規模經濟還是範圍經濟，都是以競爭為核心出發點，考慮的是如何以更低的價格打敗競爭對手，站在廠商自身的角度來思考，其內在邏輯就是價格低了，自然就有市場，這是稀缺經濟下的經濟法則，然而，當產品極大豐富，供需關係逆轉，經濟法則從稀缺性法則向豐富性法則改變，原有的遊戲規則已經不能適應新商業世界的玩法。

《從 0 到 1》（*Zero to One: Notes on Startups, or How to Build the Futur*）這本書中有一個觀點是，形成網路效應的企業，必須從非常小的市場做起。《小眾，其實不小》一書的推薦序中提出，FACEBOOK 創始人祖克柏在 2010 年就說過：「如果我一定要猜的話，下一個爆發式成長的領域，就是社群商務。」後網路時代是規模經濟退位、深度經濟崛起的時代，就是各種「大山」—— 眾人皆知、卻無人喜愛的商品不見了，取而代之的是無數小丘 —— 利基商品異軍突起，換言之這是範圍經濟失色、利基經濟崛起的時代。

利基經濟和深度經濟將成為網際網路時代的新經濟模式，即使你的產品具有大眾化的特點，具有全國市場布局的能力，那也得從區域性客戶，從區域性市場發力，形成利基市場，透過利基經濟帶來的網路效應，迅速放大企業資源整合的能量，深度經濟就是要將企業與客戶關係從弱關係向強關係轉化，建立起持續的互動關係。說起利基經濟和深度經濟，演繹最為成功的典型案例應是某家做母嬰零售連鎖的品牌，2016年掛牌，當天市值突破2,000億元，成為母嬰零售領域首家市值過百億的公司。它是如何做到的呢？企業服務人群定位在0至14歲的孩子及準媽媽，主要商品是奶粉、尿布和玩具等。其提供服務的方式極具創新力，透過一站式服務，包括商品服務、遊樂服務、互動服務、諮商服務，以及媽媽和孩子在孕期和成長過程中所需的各項服務。如媽媽產後恢復輔導、0至3歲早教、3至10歲的英語教育、才藝類（如鋼琴、爵士鼓等）培訓，以及遊樂、兒童攝影等等一站式的服務，滿足孩子娛樂、教育的需求。對其服務方式可以用其CEO的一句話來總結「回想這6、7年，我們只做了一件事，就是到顧客當中去，從會員裡面來。」目前，該企業的會員制度已經涵蓋了1,000多萬會員家庭。透過實體店、官網商城、行動端APP等互動平臺，結合線下的豐富主題和活動，形成線上為主、線下為輔的互動活動，單就線下來說，每個門市每年1,000場活動，平均每天3場，保證做到月月有主題，週週有活動，另外透過三級服務體系深化客戶黏著度，第一級是近5,000名的「育兒顧問」，是走進客戶生活方式，建立信任的關鍵環節，第二級是近百名的「育兒總監」，提供專業的諮詢或提供強而有力的行銷內容，第三級是引入必要的社會化力量（教師、醫生等）。該企業從經營商品向經營人轉變，經營要素從廣告、促銷、價格向以關係、場景和內容轉變，從線下一家零售店到城市兒童的線下社群轉變，「關係＋場景＋內容」的全新模式，將企業打造成為使用者顧問，賣的不是商品，而是顧客關係，成為新家庭室內活動中心、兒童線下互動超級社群和母嬰童商品與服務中心。

4. 從價值鏈經營實體向價值生態網路虛擬組織轉變

在工業時代，價值鏈是大規模製造和大規模訂製時代，檢視企業內部所有活動及活動間的相互關係，分析競爭優勢的重要工具，是傳統工業經濟下的企業競爭策略思維。而在網路經濟下，企業的各種交易成本大大降低，客戶的力量空前強大，分眾化、個性化代替了大眾化，基於價值鏈的一體化模式的效率和優勢大不如前，取而代之的是效率更高的價值網路。從價值鏈到價值生態網路，展現從交易成本最小化到交易價值最大化的轉變，整合是價值網路體系下的一種典型模式，整合以客戶價值為導向，僅僅抓住客戶需求反應匹配資源，將各方的資源和能力迅速地連繫起來，在協同互利的規則下，實現價值的創造和傳遞。

在數位經濟與網路時代，無論是傳統企業還是網路企業，所面臨的市場競爭早已經不是技術、產品、服務等單一要素的策略或某幾個要素的策略組合的比拚，而是不同結構的商業生態系統之間的對抗。商業生態系統圍繞的核心永遠是客戶價值創造，圍繞為終端使用者提供良好的服務和解決方案，聚焦大批具有核心能力的優勢資源，形成全新的商業模式和價值創造體系，這一過程中相關利益方之間的結構性關係不再是鏈式關係，必將是網路化關係，這種網路化關係既不是簡單的交易關係，也不是簡單的合作關係，而是一種虛擬的網路化組織、一種動態的策略聯盟。

波音公司在這方面走在了歷史的前頭，其客戶遍布全球 145 個國家。波音公司不僅曾是全球最大的民用飛機和軍用飛機製造商，而是是美國太空總署（NASA）最大的承包商。

目前，全球正在使用中的波音噴射客機 1.1 萬架。「911」事件對民航業產生的衝擊最大，乘客大量減少迫使航空公司不得不取消許多飛行班機，導致民航客機數量過剩。繼而導致許多航空公司取消購買新飛機的訂單，身為飛機製造業大廠的波音公司在短時間內失去了很多訂單，如果波音公司採取大而全的企業組織架構，所有零部件製造工作都由波音公司自己完成的話，大量訂單的取消將導致企業生產能力嚴重過剩，製造工廠開工不足，工人失業，最終可能導致波音公司破產。但是波音公司的損失並沒非人們想像的那麼大，因為該公司在「911」事件之前已經完成了組織架構的調整，不再是大而全的製造企業模式，波音公司已經成為一個全球虛擬企業。波音公司本身主要承擔研發、銷售和組裝，同時加強其相對薄弱的數據技術、服務領域和整合能力的發展，另外將製造部分進行外包，大量零組件製造工作（一架波音 747 飛機包含 450 萬個零件）分包給了全球 65 個國家的 1,500 家大企業和 1.5 萬家中小企業完成。此舉，一方面降低了經營風險，又能透過全球最優質資源的聚合極大地降低總成本，另外就是波音可以更好地聚焦於核心競爭力研發領域，形成了更高的市場壁壘。

近幾年來，航空運輸需求快速成長，民用航空業進入了一個新的高速發展階段，對飛機的需求量迅速增加，波音公司的飛機訂單也迅速增加，由於零組件供應商維持了龐大的製造能力和勞動力，又有一套在數據技術支援下利用全球製造資源為其生產服務的方法，波音公司馬上就能擴大生產，利用完整的製造資源為本企業服務。形成一個進退自如、高效敏捷的以波音公司為核心的全球虛擬協同組織。

5. 從基於目標的計畫性開發向面對需求的快速迭代轉變

產品開發模式是展現企業經營模式最好的方式，產品開發模式重點不是你如何開發出來產品，而是你為什麼要以某種方式開發何種產品？產品服務於那些客戶，應用於什麼樣的場景，解決了那些問題，客戶需要的是孔，而不是鑽頭，解決方案才是真正的答案，而不是解決方案的素材。產品本身並不是目的，而是一種方法，是客戶價值的一種載體而已。

在工業時代，很多企業的產品開發思維延續著計畫經濟體系下的開發思維，追求產品的技術效能，向客戶兜售的也都是產品功能和效能，企業更多希望客戶認可，並且配合自己，而不是配合客戶來滿足客戶需求。這種忽視客戶價值、客戶利益甚至是客戶體驗的產品開發模式，最終落到行銷體系，就只有剩下可憐的灰色行銷和打著「服務行銷」幌子的市場推銷行動了，這種不能跟上客戶的節奏的營運體系，被客戶拋棄是必然的，只是時間長短而已。

這種基於目標，按照剛性死板的計畫性開發產品的模式將會被淘汰，取而代之的是面對客戶需求的快速迭代，產品將成為企業與客戶之間重要的入口和關係紐帶。為此，企業需要做好三件事情。第一，將客戶體驗放在第一位，品牌源自於體驗，體驗造就口碑，企業要始終超越客戶認知去創造全新的客戶體驗，沒有差異化就不能夠形成全新的客戶體驗，沒有深入解析客戶需求就沒有創造全新客戶體驗的契機，客戶體驗的創造絕不是閉門造車，而是需要企業站在客戶的立場，這是一種全新的認知，客戶在乎的並不是你有多強大的研發體系或製造體系，簡單來說，他並不關心你是怎麼設計製造出來的，而關心你有多大程度上考慮了他們實際採購時、使用時以及售後服務等環節的感受。第二，讓客戶參與你的產品開發，像是寶僑的群眾外包模式，就是在建立讓客戶參與產品開發與設計的過程，讓使用者成為設計者，企業要做的就是把客戶需要的東西給整合／開發出來而已，使用者不再是單一的消費者，而是作為一種產品研發設計的社會性資源，企業不能自我封閉，陷入自我完美情節，認為自己的產品具有創新性和高技術含量，任何先進的技術、產品、解決方案或業務管理，只有轉化為商業成功才能產生價值。如果客戶不認可，這些所謂的優勢，都不是優勢，所謂優勢，其實是在面對多種選擇時，消費者選擇了你，而促使他選擇你的理由才是你最真實的優勢，要做到客戶選擇，最好的方式讓他們參與進來，讓他們的理由成為你設計產品時輸入的素材。第三，用心傾聽客戶的聲音，快速迭代追求的是快速反應、高效應對、迅速調整，你需要堅信任何產品都是不完美的，迭代開發的目的就是要尋求更好的解決方案，很多時候，解決方案就在客戶那裡，企業需要的就是俯身去採摘這些已經存在的花朵即可，這也是網際網路精神的最佳體現，放下高高在上的姿態，俯身傾聽客戶的聲音，積極收集客戶的回饋，當然，客戶專業度參差不齊，有些是專業性意見，有些則是謾罵和吐槽，為此，企業需要多方位多管道了解客戶的回饋訊息，找到回饋背後的邏輯，以專業視角去設計和優化解決方案。另外，傾聽客戶聲音最重要的不是方式，而是要用真心，你用多少心，就決定了你能做多少事，你用多少心，客戶就會回報多少收益，因此，真心誠意的服務精神才是正道，過去那種靠宣傳、自我標榜的時代已經成為歷史。

第三章

以頂層設計完成經營破局的系統思考

當總體經濟的高速成長已經不可持續，中速發展成為常態，商業社會中長期累積的深層次矛盾，如產能過剩、環境汙染，人工成本上升，企業獲利能力退減等，正在形成反推機制，推動企業進行轉型更新。如何進行轉型更新呢？如何有效地打破經營困局呢？這個是本書要回答的核心要點，答案就是頂層設計。頂層設計這個概念起源於工程學，而後被延伸至政府規劃和企業策略等領域，應用領域不斷擴大。

與頂層設計對應的是「摸著石頭過河」，「摸著石頭過河」是有問題就著手解決問題，強調務實有效，在業務方面表現出商業質感，展現出魄力；在管理方面表現為管理智慧，展現為經驗。「摸著石頭過河」是一種探索精神，這種精神成就了一批敢闖敢拚的企業家，「摸著石頭過河」靠的是企業家的膽識、魄力和市場質感，而頂層設計靠的是企業家的謀劃能力、布局能力和系統思考能力。隨著需求複雜、競爭加劇，供需逆轉、增速放緩等外部因素影響，企業生存環境已經進入深水區，摸著石頭過去風險重重，過去依靠招式致勝的時代已經一去不復返了，要想開啟局面，持續成功，依靠頂層設計來進行系統作戰的時代正式開啟了，具備頂層設計的能力者將會獲得更多的先機和更持續的發展動力。

我們說的頂層設計是站在企業內外部環境的角度來思考企業經營，而不是站在企業家的角度來思考企業，這個是有本質的區別。頂層設計包含企業家、方法論和核心團隊三個核心支點，缺一不可，而不是僅僅是方法論層面的思考。

頂層設計的制勝之道

頂層設計是企業在特定商業環境下，經營致勝的內在邏輯，簡而言之，就是贏的道理。傑克·威爾許（Jack Welch）在《商業的本質》（*The Real-Life MBA*）中明確提出「成長是王道」，頂層設計脫離成長就玩虛了，成了玩概念的了。在網際網路時代，時髦的術語如雨後春筍，然而，對於企業經營來說，我們並不需要時髦的術語，而是要解決問題的新思路。頂層設計就是要融合網際網路因素，以系統思維和設計思維來探尋企業成功的密碼。系統思維就是將企業放在特定環境下思考企業經營的各方面，而設計思維就是如何將各個孤立的不可用單元整個成為一個可用整體的思維模式。

在進行頂層設計之前，我們有幾個基本的假設前提，第一，我們難以預測外部世界，唯有高效快捷的回應；第二，無所謂成功，只有成長，宣稱成功的企業，隨時可能被顛覆和淘汰；第三，任何人都是「有限理性」的，頂層設計是一個動態優化過程；第四，從產品稀缺向客戶稀缺轉變，供需關係逆轉是基本前提，主導權在於客戶，而非企業。

因此，在網際網路時代談頂層設計，注定是一個連續動態的決策過程，是對商業生態和價值創造系統的全面謀劃和系統布局，最終實現企業的策略性成長。要知道，根據對未來5年的準確預測來制定策略系統規劃的做法，已經跟不上這個多變模糊的時代。當然，頂層設計的成敗或者說正確與否，需要透過經營的主動權、競爭的主導權、生態的話語權和產品的定價權四個方面給予驗證，經營的主動權表現企業擁有更大自主權，而不是被競爭對手和客戶牽著鼻子走，在被動回應中消耗企業的發展能力；競爭主導權表現企業具有更為靈活的競爭策略，在企業選定的細分市場中，一定要具有競爭優勢和核心競爭力；生態話語權，企業要不就是整個生態系統的整合者，要不就是整個生態系統的參與者，無論是整合者還是參與者都要有清晰的定位和獨特的價值，而不是在商業生態系統中作為一個補充或者找不到自己的存在價值；產品定價權，這個是企業頂層設計成敗終極表現，儘管競爭對手降價不斷，企業依然透過合理的價格獲得相對豐厚的利潤，在高價值的基礎上，享有更大彈性的定價權。

1. 從商業模式開始謀劃

2008 年前後，對於商業模式的認識上存在著較大差異，2008 年之前，商業模式更多是被當作一種工具，是先有企業的商業本能，然後外界用商業模式剖析與研究它，「摸著石頭過河」是此前商業界普遍的做法。2008 年的金融危機以後，外部市場變得模糊動盪，企業經營進入了深水區，企業家們已經開始有意識的用商業模式的思維，去設計自己的經營，重塑核心競爭力，「頂層設計」逐漸嶄露頭角。

(1) 商業模式是什麼

現在，「商業模式」成為企業家和專業經理人的常用語，尤其對於在網際網路時代的創業企業，說清楚商業模式是獲得資本市場認可的基本要求。然而，由於管理學界到目前為止也沒有對商業模式給出一個準確的定義，對於商業模式的理解，不同行業、不同企業、不同職業的人所理解的商業模式，存在著較大的區別，有人把商業模式理解成盈利模式（賺錢方法），比如免費模式、長尾模式（long tails）等，有人把商業模式理解成營運模式（供銷關係），比如 O2O 模式、平臺模式、內容＋工具＋社群模式等。很新穎但也很容易造成理解方向偏頗，有必要在此做個澄清，提出我對商業模式的理解。

商業模式是價值創造的核心邏輯，以客戶需求和價值創造為中心，所建構的資源整合與交付體系的策略結構化組合。無論你玩的是什麼模式，給自己什麼樣的定位，終極裁判只有一個，那就是客戶，模式設計和模式創新就是要主動將主動權交給客戶，透過價值提供和公開資訊來獲取優勢，脫離了這一原則可能會偏離。

商業模式著眼的不再是企業個體，而是商業生態系統，不再是某個企業或者行業，而是整個價值創造系統。換句話說，整個價值創造系統的策略結構就是商業模式。正如彼得・杜拉克所言：「當今企業之間的競爭，不是產品之間的競爭，而是商業模式之間的競爭。」說的就是這個道理，把商業模式說清楚，就能夠很清楚地知道某個企業在其中的價值定位，即企業在這個價值創造系統中造成的角色和作用。

商業模式是企業內外部達成共識的一套商業邏輯，是價值創造系統的整體布局。商業模式是對商業生態系統中各種力量的重新建構，商業模式可以描繪出價值創造的圖景和各個成員的自畫像，這個圖景包括為誰創造價值，如何創造價值，如何獲得回報，回報如何分配等，透過商業模式陳述，可以知道商業生態系統中各個利益相關方之間的商業關係和角色，是主導者、整合者還是回應者與被整合者，決定了價值創造的重要性和獲利能力的大小。

商業模式是一套方法論體系，是企業頂層設計實現贏的關鍵，是企業策略設計的前提和基礎，如頂層設計章節所描述的那樣，頂層設計包含三大支點，分別是高瞻遠矚的企業家、行之有效的方法論和強而有力的核心團隊，其中，行之有效的方法論中包括商業模式、企業策略、組織營運和管理模式以及企業文化等，商業模式為企業策略提供輸入，明確競爭優勢獲取的方向。

企業營運無非就是結構和節奏的對立統一關係，企業要想成功，必須在正確的結構中，把握好營運的節奏，商業模式就是企業營運的結構性要求，策略更多是圍繞商業模式的節奏性安排，可以說，商業模式決定了企業策略和營運系統的有效性和合理性，決定企業的成敗。因此，企業家思考策略轉型更新，必先在商業模式上做足文章，在模仿和抄襲氾濫成災的商業環境中，必須要讀懂商業生態、大膽創新，創新是商業模式永恆的主題，而不是模仿和抄襲，某些企業習慣了「拿來主義」，產品技術拿來主義，經營策略拿來主義，商業模式拿來主義，這種拿來主義是造成這些企業陷入「囚徒困境」的根源，企業要想脫穎而出，必須有所創新，透過創新商業模式獲得更大的生存空間，呼吸更新鮮的空氣，而不是模仿抄襲，永遠跟著別人後面吃灰塵，成功的企業必定是創新的企業，奇異公司就是成功的案例。

如何檢驗商業模式是否具有創新性和獨特性呢？商業模式創新性主要展現在價值和效率兩個方面，即商業模式是否具備創造出獨特的客戶價值或者是以更高的效率創造客戶價值兩個方面，商業模式是在特定的商業環境下思考，創新不是天馬行空，而是要具有一定的前瞻性和可行性，領先對手半步即可。

(2) 商業模式設計五步法

商業模式是一個非常大的課題，用一本書來描述商業模式也不為過，但是由於篇幅有限，在這裡重點講解一下商業模式設計的基本要點。商業模式設計首先要理解商業模式的構成要素，不同專家學者的理解是有區別的。哈佛商學院教授克萊頓·克里斯坦森（Clayton Christensen）認為商業模式包含四個環節：客戶價值主張、盈利模式、關鍵資源和關鍵流程。瑞士管理學家亞歷山大·奧斯特瓦德（Alexander Osterwalder）和比利時管理學家伊夫·皮尼厄（Yves Pigneur）提出認為，商業模式設計要從客戶細分、價值主張、管道通路、客戶關係、收入來源、核心資源、關鍵業務、重要合作和成本結構等九個方面著手。日本管理學教授三谷宏治認為，商業模式包含利益相關者、總價值、收益流和價值網路四個方面。結合前文中對於商業模式的定義，我把商業模式設計按照「客戶價值－價值創造－價值分配」的邏輯，分為三個層次五個要點來描述，在此做出精要概括。

・**核心層**：客戶價值

客戶價值作為核心層，就是要透過清晰地定義客戶需求，並圍繞客戶需求提出商業模式要創造的獨特價值。再直白一點，客戶價值就是商機！

要點 1：價值定位（客戶價值定義）

客戶價值定位就是要旗幟鮮明的提出商業模式給目標客戶帶來的獨特價值，也就說，透過商業模式革新解決了哪些痛點，帶來了哪些爽點，即解決哪些目前解決不了的問題或者說以更好的方式解決了目前的問題。

我的一個客戶是生產電表的企業，從 2015 年其開始對企業的價值提供重新定位，價值定位不再是向客戶提供優質的電表，而是要向客戶提供電能優化系統解決方案，為客戶降低電力使用成本，在市場的幫助下，企業打破了原有價值鏈的束縛，逐步建構面對能耗持續降低的生態系統和系統化解決方案，這個生態系統將網路企業、機床企業、生產裝置企業、電表生產企業等納入解決方案的整體框架，建立起跨行業的虛擬聯盟。

商業模式的革新不在於競爭而是價值創造，這裡需要切記一點，客戶價值是客戶感知價值，而不是企業自定義的客戶價值，這兩者之間往往存在著巨大的鴻溝。曾經有公司做過的一個調查顯示，CEO 們認為為顧客創造的 80% 的價值，顧客只認同其中的 8%，而絕大多數顧客在第一次購買決策中，由 64% 是取決於所徵詢的其他人的意見或購買數據。定義成長從定義需求開始，脫離了需求的「客戶價值」不是真正意義上的客戶價值，因此，價值定位一定要圍繞著客戶需求來展開，是提供更優質的產品、還是更高水準的服務、還是更專業的解決方案，幫助客戶解決了哪些具體問題，必須要說清楚的，這是需要深入研究解讀客戶真正的需求是什麼。

- **中間層**：價值創造

價值創造作為中間層，要說清楚價值創造的方向和目標，為策略提供明確的輸入，簡單來說，就是透過市場定位和品牌定位，明確關鍵成功要素，找到競爭優勢的著力點。

要點 2：市場定位（市場定義）

即企業的價值提供是面對哪個市場、哪個客戶群體的，無論是大眾化產品還是小眾化產品，這個問題都是無法迴避的。

亨利．福特（Henry Ford）將汽車定義為大眾消費品，而不是某些富人的玩物，在亨利．福特進入汽車行業之前，汽車的售價超過 3,000 美元，是當時家庭收入的 4 倍，這種定位讓亨利・福特最終於 1908 年研製出 T 型車，透過「縱向一體化」的商業模式，透過對影響產品成本的各個環節科學管理，大幅度提升效率，降低汽車的價格，到 1925 年，T 型車的價格已經降低至 260 美元，僅為當時家庭收入的 1/8 左右，前後相差 32 倍，足以看出市場定位帶來組織努力所產生的結果差異，令人驚訝。而通用汽車的斯隆（Alfred Sloan, Jr.），將汽車定時尚產品，而不是生活必需品，年年出新，快速淘汰，一舉打破了福特 T 型車近 20 年的行業統治地位。

要點 3：品牌定位

與市場定位相對應的就是品牌定位，品牌定位可以分為高中低階品牌，不同的品牌定位，對於商業模式的要求是不同的，對於身處其中的企業要求也有著巨大的差別。以工業品行業為例，高階品牌，客戶對於解決方案的訴求遠遠大於對於產品的訴求，為客戶提供超值服務，會更受歡迎，商業生態系統中需要多專業，甚至是跨行業的共同合作。對中端品牌來說，客戶對於產品的技術水準和品質要求較高，商業模式中產業價值鏈的各個環節的水準和協同能力非常重要，而對於低階品牌來說，產品的價格是主要的，產品品質滿足要求的前提下，價格越低越好，商業模式的核心就是圍繞價格管控。

因此，總體來說，在工業品行業，低階品牌來說，價值主要展現在性價比（price-performance ratio）上，價格是主要參考因素；對於中階品牌，價值主要展現在營運保障上，服務保障能力是主要參考因素；對於高階品牌，價值主要展現在績效增值上，解決方案有效性是主要參考因素。

・**表皮層**：價值分配

價值分配作為表皮層，是最外面的一層，是生態系統中利益相關方獲得價值回報的分配，利益這種東西是切膚之痛，感知最明顯，感覺最強烈，在商言商，說的最多的也是利益的分配分享機制。

要點5：盈利模式（賺錢之道）

企業是營利性的，價值創造系統是由多個企業組成，也必然是營利性。不賺錢的商業模式，就是在耍流氓。不過賺錢的形式和方式多樣，經典的盈利模式有「刀片－刀架模式」、「逆刀片－刀架模式」、「免費－收費模式」、「流量計費模式」和「線上線下模式」等，盈利模式就是要說清楚企業是以什麼方式賺哪些錢。

比如「刀片－刀架模式」是吉列公司（Gillette）的偉大創舉，簡單來說，就是以低廉的價格出售主體產品，再透過耗材和服務獲取長期收益。採用這種盈利模式的公司非常多，比如惠普（Hewlett-Packard Company）的列印機業務、柯達（Kodak）的相機業務、任天堂（Nintendo）的遊戲機業務等等。與「刀片－刀架模型」相對應的是「逆刀片－刀架模式」，典型代表就是蘋果手機和亞馬遜的閱讀器，蘋果智慧手機很貴，但是軟體應用很方便也很便宜，亞馬遜的KINDLE閱讀器價格不菲，但是海量書籍方便便宜。「免費－收費模式」作為一種盈利模式，網際網路早期的網站都是屬於這種模式，「羊毛出在豬身上，狗來買單」說的就是這種模式，透過免費集客，透過收費獲利。「免費－收費模式」非常靈活，例如在影片網站點播，如果消費者不想看廣告，可以付費取消廣告，想免費就不得不看廣告，那就向支付廣告費的商家收費，很靈活。「流量計費模式」本質上是一種租賃模式，根據使用情況付費。「線上線下模式」

被稱為 O2O 模式，簡單來說，就是線下體驗、線上付費或者線上交易、線下物流等等模式，根據不同業務類型，線上線下的盈利方式也在不斷被演繹著。

不管盈利模式如何創新，價值創造系統必須要能夠生生不息，透過輸出價值獲得回報，實現持續成長，哪些業務可以不賺錢，哪些業務必須要賺錢，哪些產品薄利多銷，哪些產品獲利，這些都要考慮清楚，美國連鎖賣場 COSTCO（好市多）將自己定義為會員的採購仲介，透過為會員提供最優質的採購建議，讓會員獲得實惠，透過收取固定的會費獲利，而不是銷售商品獲利。總之一句話，商業模式設計，必須要找到自己獨特的生財之道。

要點 6：利益相關者（商業生態系統）

商業模式告訴企業「你不是一個人在戰鬥」，而是需要有一個客戶立場、企業視角、生態思維，各個相關方都要有所價值回報，客戶獲益、企業獲利、生態成長才是最佳狀態，成就別人，方能成就自己。要知道，在現如今的商業環境中，當柔性和速度成為致勝關鍵時，「縱向一體化」的商業模式所形成「大而全」和「小而全」的組織體系是有極大的風險，一個企業的能力和資源是有限的，建立共享雙贏的合作體系才是王道，如果只考慮企業自身的盈利，而不考慮相關利益方的盈利，這種商業模式是不長久的，甚至是不成立的。在設計商業模式時，應從整體性考慮，了解整個生態系統的健康狀況，各個企業在商業生態中的價值和貢獻描繪清楚，將各個企業獲取多大的回報計算清楚，這樣才能把相關方的關係梳理清楚，也只有如此才能將商業模式的相關方組成一個利益共同體。

可以說，不考慮相關方利益的商業模式，最終會無路可走，然而，這個對於習慣於「自力更生」、「唯我獨尊，利益至上」的企業來說，挑戰是巨大的。要成為商業生態的主導者來設計商業模式，必須要具備一起獲利的大格局，並且始終將雙贏作為核心原則，而不是口號。曾幾何時，在與某位企業家暢談其商業模式時，這位企業家談及商業模式是透過網際網路＋，打造共享平臺，優化通路的整體營運效率，說到這些的時候，我佩服這位企業家開放視野及與時俱進精神，然而，當談及平臺後期建設及利益分配時，他表示，如果平臺做大了，可以產品貼牌取代某個商家的產品，為此，我表示明確的不同意，這種「過河拆橋」的做法，會讓這個看似美妙的商業模式土崩瓦解，原因很簡單，一念之間，利益一體關係轉變成為利益博弈，切斷了上游商家的利益命脈，後果不堪設想。

當一個企業主導來建構商業生態時，其商業模式中的利益訴求也要符合生態系統中成員共同的訴求，否則，這個生態是難以建立起來的。比如網路企業試圖以顛覆的姿態建立一種全新的商業生態，而實體企業則謀劃在現有營運的基礎上建構優化的商業生態系統，當兩個商業生態不相容的時候，就會面臨弱勢一方難以存活的窘境。

2. 頂層設計要與企業成長軌跡同步

理論總是在探尋原則和原理，而實踐更加務實，尋找的是解決問題的方式和方法，理論和實踐最好的結合點在於方向。這種方向對於不同企業的不同發展階段，是存在差別的，因此，在進行頂層設計時，企業非常有必要認清自我的發展階段，有的放矢。

(1) 小型企業

小型企業活下來是企業的主要問題，專案思維是小型企業主導思維模式，「創新＋試點」的做法是最佳選擇。小型企業大多是初創型企業，商業模式還處於構想和雛形階段，營運體系尚且不成熟，組織架構也不完善，更多的是依靠創業團隊的熱情來支撐，如何透過抓住機會，以點滴的勝利來獲得企業前行的動力，是企業經營的關鍵命題，企業家眼光和智慧對於小型企業至關重要。

小型企業由於資源匱乏和能力薄弱，往往不具備打造強勢產品和進行強勢品牌推廣的重資金投入能力，難以與強大的競爭對手在正面戰場上廝殺，不具備灑向人間都是愛的能力和實力，另外，就是小型企業的抗風險能力也弱。任何一個機會如果把握不好，會變成一個陷阱。因此，企業應當把眼光聚焦在區域性市場和區域性領域，透過主動的細分，選定目標市場，單點切入，以專案化運作來定向地為客戶解決問題，在區域性市場或區域性應用領域上獲得比較優勢，繼而透過發育關鍵職能來逐步開啟局面。

所以，對於小型企業來說，先收集糧食，才能養活團隊。企業的核心任務是縱向挺進，而不是橫向鋪開，在夾縫中探尋陽光雨露，打造和鍛鍊核心團隊，完善專案型管理機制，透過瞬時競爭優勢，而非可持續競爭優勢，獲得生存和發展空間。

(2) 中型企業

中型企業有品質地活下來是企業的主要問題，產品思維是中型企業主導思維模式，「體系＋模式」的做法是最佳選擇。企業已經挺過了初創期的生存窘境，有了一定的資金累積和客戶儲備，進入相對平穩的溫飽階段，抗風險能力有所提高。在小型企業階段的細分市場容量有限，越來越難以滿足企業發展的需要，人才需要成長空間，業績也不能停滯不前，因此，這個階段的企業面對市場機會，透過成長初期所積澱的優秀做法進行模式化，在新市場和新產品上有所選擇的進行試錯，採取主動出擊。

在小型企業階段，企業沒有成型的產品，客戶需要什麼，我們做什麼，整合什麼。到了中型企業階段，企業已經具備一定的技術儲備，有了自己的產品體系，可以透過產品驅動和市場驅動雙驅動模式，在現有的客戶中，以服務深化合作，鞏固利基；同時，利用手中的產品，尋找新市場。

中型企業的組織和管理也要隨之發生變化，要從單兵作戰向多兵種聯合，從游擊隊突擊向正規軍推進轉變，企業營運要有一套成熟的戰術和打法，產品開發體系、市場開發策略、行銷模式、組織架構以及管理制度等等要逐步完善和持續優化，對於試錯過程中的浪費和風險點要採取積極的管控態度。

(3) 大型企業

發展是大型企業的主要問題，平臺思維是大型企業主導思維模式，「平臺＋團隊」的做法是最佳選擇。企業發展到大型企業階段，企業就像一個八爪章魚，多區域、多產品線運作，多元化是這個階段企業的典型特點。

在大型企業階段，企業所面臨的風險，已經不是小型企業的點風險和中型企業的線風險，而是系統風險，企業更多應該考慮如何實現業務的多線合作，促進資源共享，透過強化組織效率來實現業務的縱橫融合。這個階段的企業，業務問題向組織與管理問題轉變，主要問題是如何啟用業務。要知道在大型企業階段，客戶需求往往超越了企業自身的能力範疇，開放地吸引外部資源，有效地實現組織前後臺連接才是關鍵。

企業總部要成為一個平臺，從管控中心向策略規劃中心、管理支撐中心、專業服務中心和整合協同中心轉變。「大平臺＋小團隊」模式，是大型企業轉型中平臺思想的集中展現，輔助部門是否強大成為這一組織轉型成敗的關鍵，尤其是人力資源管理和知識管理方面。

(4) 超大型企業

創新是超大型企業的主要問題，生態思維是超大型企業主導思維模式，「生態系統＋虛擬聯盟」的做法是最佳選擇。超大型企業，如同一個多艦種組合的航母戰鬥群，企業如何要具備大集團的規模優勢，又要能夠像小企業那樣貼近客戶且靈活多變，這是個巨大的挑戰。

即使強如 IBM 那樣的超級巨人，在向「雲」策略轉型的過程中，也要承受業務的巨大顛簸。超大型企業轉型的考驗是多重的，能否源源不斷的創新產品，能否快速回應客戶，能否對客戶需求進行精準把握，能否統籌好內外部資源，能否把握好各個細分業務的運作規律等，每一項都不簡單，可以說，超大型企業轉型，要實現系統回應和靈活應變，是業務問題和管理問題深度互動和協同創新的過程，需要對業務和管理重新審視，比如要重新建立客戶體驗和認知，需要調整的是整個生態系統的能力，組織內部的營運能力、生態系統駕馭能力和相關方（包含異業、競爭對手等）的合作機制等都是一次極大的考驗，但不管如何，都需要企業圍繞著客戶的需求，將市場的砲火聲無衰減地傳達到內部，將客戶的需求無障礙地傳達到各個價值創造單元，在這一核心思想指導下，對如何拋棄過去和走向未來進行一次深刻反思和系統設計。

3. 快速回應能力成為新時代致勝法寶

《孫子兵法．兵勢篇》，有句話說「激水之疾，至於漂石者，勢也。」，白話翻譯過來就是，能夠讓石頭飄起來的是水流的速度。沒錯，在戰場上速度是致勝的關鍵，可謂兵貴神速，在商場上，速度同樣具有無可估量的價值。在工業時代，企業透過預測未來，以庫存作為調節，以此來提升企業回應客戶需求的速度。然而，由於訊息滯後和失真，產業鏈各個環節依靠預測來備貨，就會產生「牛鞭效應」，「牛鞭效應」讓企業在製造端囤積了大量產品，最終造成了產銷失衡和結構性過剩的矛盾，市場需要的企業生產不出來，企業生產的市場消化不了。為此，越來越多的企業認識到，未來企業的經營重點不再是預測未來，而是快速回應現在，即使在大數據條件下，預測市場也是一件不太可靠的事情，快速反應比試圖預測市場更重要，低庫存水準或者零庫存才是更安全的經營策略。

正如思科 CEO 錢伯斯（John Chambers）觀點：「在網路經濟下，大公司不一定打敗小公司，但是快的一定會打敗慢的。網際網路與工業革命的不同點之一是，你不必占有大量資金，哪裡有機會，資本就很快會在那裡重新組合。速度會轉換為市占率、利潤率和經驗。成功地應用網路技術使思科成為對市場的反應速度最快的公司。」

企業組織的變革實質上是企業經營理念的變革，在日益複雜和快速變化的商業環境中，組織設計和優化必須保證能夠更好地為客戶創造價值，將資源聚焦在最能夠產生效益的地方。規模已經不再成為企業致勝的法寶，速度將成為指引組織優化和資源重組的方向標。

是時候轉變思路，從客戶角度出發，打造面對客戶需求的快速回應能力才是企業經營的關鍵要害，這裡必須要說清楚的是，快速回應能力，不是簡單的某個方面的能力，而是一項系統效能力，理解它，可以從以下三個方面展開。

(1) 回應水準的三重境界

按照彼得 · 聖吉 (Peter M. Senge) 的觀點，回應水準分為三重境界，第一重境界，依據發生的事件狀況採取相應的反應行為，屬於事後反應；第二重境界，從短期反應中解放出來，觀察變化的形態，了解行為模式，順應變化並採取前瞻性的行動，屬於事前反應；第三重境界，觀察系統結構的脈絡，結構性地了解要素之間是如何相互影響和發揮作用的，屬於系統性回應。

我們所說的頂層設計，就是要能夠達到回應水準的第三重境界，系統觀察和結構分析，做出系統性回應。

(2) 回應能力的三道門檻

對於企業來說回應能力如何理解呢？為何說回應能力是系統效能力呢？答案在於，企業作為一個營利性機構，企業要賺錢，必須有客戶付錢，客戶為什麼付錢，因為客戶覺得值得，客戶覺得值得是因為客戶認為企業的產品或服務在某些方面滿足了他們的需求，從客戶的角度來看其實就是如此簡單，客戶並不關心企業是如何生產出來，但是非常關心自己消費體驗。想要滿足這種消費體驗，不能只在客戶介面上化妝，而是要深入系統去思考介面背後的事情。企業要做的事情至少包括三個大的方面，第一，讀懂客戶需求，全球軸承行業領軍企業斯凱孚（Svenska Kullagerfabriken, SKF）將客戶需求解讀能力作為其三大關鍵成功要素第一位，如果脫離需求就無價值可言；第二，制定客戶認可的解決方案，能否以最快的速度完成客戶滿意的解決方案，這部分的技術含量會越來越高，而不僅僅是行銷人員的商務技能，更多會牽涉到服務人員的專業技能和經營管理技能；第三，就是能否以低成本、高品質、高速度來完成客戶交付，完成交付往往是超越企業組織能力範疇的，要對利益相關方乃至商業生態進行深度合作。

可見，回應能力必須要邁過這三道門檻，第一道門檻：讀懂客戶。這需要企業不能高高在上，而是要深入客戶，對於工業品來說，你要深入客戶現場，走進客戶價值鏈，了解客戶的產品使用狀況，了解客戶在產品使用過程中的痛點和癢點，對於民生消費性用品來說，你要深入走進客戶的生活方式，才能給出一個全新的答案，比如異業聯盟、以產品為核心的解決方案等等，而不僅僅是千篇一律的無差異產品。第二道門檻：制定方案。以全新的產品或者方式來提供差異化的客戶價值。第三道門檻：交付系統。光有漂亮的方案不行，還要「多快好省」地完成交付，才能將商業方案變成商業現實，完成投入變現。交付系統是指方案的實現系統，主要指的是商業生態系統。如此理解，商業生態系統不過是價值或者說方案的交付系統而已。三道門檻之間存在著邏輯遞進關係，如果第一道門檻沒有通過，第二道和第三道門檻就難以發揮價值，沒有需求的準確掌握，方案就無從談起，再強大的生態系統可能都難以發揮出價值，有一家這樣的企業，老闆受到工業 4.0 和工業網際網路等概念的洗禮，覺得智慧製造是未來的方向，於是投入重資用於產線改造，改造成功的智慧製造後，發現企業的產能利用率不足 30%，大量投入的機器人和資訊化系統成了擺設，講的就是這麼一個道理，理解了，我們會發現如何讀懂客戶需求，如何深化與客戶互動應當是企業轉型更新的第一步。

(3) 回應能力的三個層次

如何評價回應能力高低呢？如果大家都談回應能力，那麼如何保證你的回應能力更強大？對於回應能力可以分為三個層次來評價。

第一個層次，回應速度，客戶需求的產品能夠以更快的速度滿足，主要展現在交期上，在很多工業品銷售的專案運作中，這個交期的速度在相當程度上影響著專案成敗。回應速度表明與合作夥伴的緊密程度，越緊密越高效，回應速度越快。

第二個層次，回應品質，客戶需求的層次挖掘深度，深度挖掘客戶的隱性需求，需要運作團隊具備更為綜合的專業能力，這種專業能力不僅僅展現在技術方面，還有商務方面和管理方面等多個方面的綜合，要做的就是要比競爭對手更懂你的客戶，如果能夠做到，可使競爭對手的降價策略失效。

第三個層次，回應規模，客戶需求是波動的，有些時候甚至是不可捉摸的，受到的影響因素也是多方面的，新技術的出現、新的政策的頒布、新的地緣關係的變化以及不可預估的例外事件等等，都有可能極大的影響客戶需求量，規模的柔性和彈性對於企業經營的風險管控來說至關重要，波音公司在面對「911」的衝擊後，依然能夠保持穩健發展，正式展現了回應規模下的柔性製造和虛擬聯盟的強大能量。

頂層設計的三大支點

企業要成功轉型更新實現華麗轉身，需要在理論上有所突破。有人說企業家決定企業成敗，有人說商業模式決定企業成敗，有人說核心團隊決定企業成敗，這些都不完全。在研究了一些優秀企業的成功史，我們發現有一個共同的規律，那就是它們成功都有三個必備的核心要素：高瞻遠矚的領導者（企業家）、一套科學有效的方法論和一支能打硬仗的核心團隊。在企業頂層設計方面，我們將這三個核心要素稱為頂層設計的三個支點。

1. 企業家是頂層設計的核心

企業家既是頂層設計的主導者，同時也是頂層設計不可分割的重要組成部分。正如亞里斯多德（Aristotélēs）在《形而上學》（*Metaphysics*）中提及：「一支軍隊的能率，部分地決定於秩序，部分地決定於將軍，但主要決定於後者，因為將軍並不依賴於秩序，而秩序卻依賴於將軍。」

企業家是要為企業資源配置承擔終極責任的特殊人士，在面對這樣一個工業時代和資訊時代交會的歷史時期，虛擬和現實正在發生著劇烈的化學反應，機會無窮但又變化莫測，處處是機會也可能處處是陷阱。企業家經營企業的人生選擇，決定了企業家的歷史使命和重要性。松下幸之助說，一個企業的興衰，70% 的責任由企業家負責。杜拉克認為，一個企業只能在企業家的思維空間內成長，一個企業的成長被其經營者所能達到的思維空間所限制。在馬歇爾（Alfred Marshall）看來，企業家是「產業這個車輪的軸心」。奇異的變革成功讓我們領略了傑克．威爾許超凡才華，IBM 的成功讓我們記住了郭士納（Louis Gerstner）氣魄和智慧，沃爾瑪的奇蹟讓我們見識了山姆．沃爾頓（Samuel Walton）的遠見。總之，企業家對於企業的成敗，是具有不可替代的系統性影響力，企業內部的願景、使命、價值觀、組織、流程、人事等都是企業家一手打造，或者按其思想打造出來的，因此，企業家每一個決策都會對組織產生系統性影響力，這種影響往往是長久的、不可逆性的。

正如約翰．科特（John P. Kotter）所言：「如果變革涉及整個公司，CEO 就是關鍵；如果只是一個部門需要變革，該部門的負責人就是關鍵。」企業家基因和格局決定了整個企業的商業狀態，企業家能否轉型更新直接決定了企業轉型更新的成敗，企業家轉型的根源在於其心智模式的改變，是否對政治、經濟、技術和社會文化等趨勢的前瞻性預判，是否具備對客戶需求和市場競爭的不確定保持敏銳的洞察力，是否具備結合內外部情況精準抓住企業經營核心命題的決斷力，是否具備圍繞經營關鍵要素進行資源整合以解決問題的影響力，是否具備在成敗關鍵環節的號召力。

企業家轉型就是需要企業家持續完成自我超越。企業家轉型，不僅要求企業家具備摸著石頭過河的勇氣和魄力，還要有頂層設計的系統思考力，具備超越時代的力量和推動時代前行的力量，以超凡的智慧和能力推動企業走出困境。

首先，企業家要明確企業的事業理論，確定企業的存在價值和意義，企業家過去的成功往往並非企業家有多厲害，而更多是時代的成功，時代變了，就要找到新時代成功的關鍵，這是所有成功創業者都必須要思考的，對於企業家思考轉型時，實時回到原點，回歸經營的本質，以創業者的思維來重新審視自我。

其次，企業家是否發自內心地追求某種理想，並有理有據且繪聲繪色地描繪出企業未來的發展方向，點燃員工內心成長的火花，在精神和物質上建立起可以信賴的預期，促進員工齊心協力共進理想。

再次，企業家要懂得捨得，透過分享建立雙贏的生態圈，確保利益相關者獲得更好的回報，實現人才聚攏，人心聚合，從商業生態和商業模式的角度來思考企業經營，關注的焦點不能僅僅限於企業乃至行業，而是要透過整個價值創造系統的努力達成共進退與共成長，這是一個比較大的難題，也是很多企業家必須要跨過去的一道門檻，很多企業家不是不知道生態的重要性，也不是不知道人才的重要性，而是由於存量思維限制了企業家的格局，在原有的蛋糕上切割確實是一種巨大的考驗，要知道整合資源容易，聚合難，要將資源整合過來並讓資源相互匹配、協同運作，最終發揮出想要的能力出來。如果僅以一己之私經營企業，往往會把企業越做越小、越做越僵化。如果建立起增量思維，以增量帶動存量，以增量思維做大企業，共享成長的話，格局將會是另一番天地。

最後，企業家還得要有理想家的情懷和實作家的勤勞，即使面對網際網路時代的諸多不確定性，在經營方向迷失和經營節奏錯亂之時，把握趨勢大膽創新，在企業大政方針上進行系統性構想，在企業關鍵成功要素上進行結構性把控，在關鍵瓶頸環節上親力親為有效推進，以動態的營運系統來對抗變化的內外部環境的變化，並願意為此投入精力和資源，以理想主義的情懷去構思和想像，以務實主義的實作去實現理想和兌現承諾。

2. 方法論是頂層設計的把手

方法論是企業贏的內在邏輯，也是企業基於自身核心經營命題的系統解決方案，但凡成功的企業，都會有一套完整的戰術，並且是一個非常有個性的方法，沒有一家企業是能夠拿著別人的方法論直接套用的，都是根據自己的業務特色發展出來的一套方法論，別人的方法論可以學習但不能生搬硬套。我們發現很多企業家看不清企業經營的很多問題以及如何解決，就請了外來的專業經理人來解決問題，很多外來的和尚唸的是外來的經，企業大多消化不了也接受不來的，所以，抱著「我們以前企業如何做」這種想法和做法的專業經理人大多最後都很尷尬，如果不能理解業務背後的邏輯和方法論思維體系，是難以駕馭系統的轉型變革的，這一點是毫無疑問的，所以，對於外來的管理型人才，要知道其過去有哪些成功歷史，更要知道如何做成功的，做成功的邏輯能說出來，這樣的人才才具有算是真正的變革性人才。

工欲善其事，必先利其器。如果掌握了正確的方法論，那麼，必將事半功倍。否則，很多事情只能停留在感覺階段，有想法沒章法是很多企業家的問題，只有簡單的零散的「招」，沒有成組織、成體系的打法，甚至於把想法當成策略，把想法當成方法，這是不可取的，結果就是在看見、吃到和消化掉三個環節打不通。比如，某家企業，提出的價值觀是要以客戶導向，為客戶提供價值，但是其供應鏈體系和營運體系是計畫經濟時代的製造模式主導的體系，企業的價值觀和營運模式不匹配，帶來的就是產銷衝突問題非常嚴重，價值觀與企業文化衝突，所謂的客戶導向最終只能成為一句口號而已。所以說，企業需要有一整套完整的打法，這套完整的打法就是方法論要說清楚的事情，方法論涉及到商業模式、策略、組織模式、管理模式和企業文化等多個方面，並且這些方面還要能夠渾然一體，形成整體效能，否則難以成效。

如何強調方法論都不為過。以創新的方法論帶領企業走上新高度的企業，像是 GE、IBM、小松（KOMATSU）等等，其實諸如此類的企業不勝列舉。

臨淵羨魚，不如退而結網！如何形成獨具特色、適合企業自身的方法論呢？這是一個系統思考的過程，在接下來的章節中，我們會承接商業模式的思考，透過策略、組織、管理和文化四個章節的內容，陸續展開，一脈相承的講解企業頂層設計方法論的思考和制定過程。

3. 核心團隊是頂層設計的保障

企業經營管理有兩大發動機，第一個發動機在市場上，由需求和競爭構成，另一個發動機在企業內部，由企業家所領銜的核心團隊。核心團隊的角色不同於一般員工，核心團隊既是頂層設計的參與設計者，也是頂層設計的貫徹落實者，核心團隊是企業保障執行的關鍵，也是文化傳播的核心火種，核心團隊是頂層設計成功的保障。

這個時代，單打獨鬥已經行不通了，要學會抱團取暖，組團打天下。楚漢爭霸，劉邦最終獲勝，論文才武功，劉邦和項羽都不在同一個層級上的，項羽文有〈垓下歌〉，才有「背水一戰」，武有「霸王舉鼎」，功有「三年滅秦」，儘管有像項羽這樣如此強悍的領導者，最終還是「無顏面對江東父老，自刎烏江」，劉邦之所以獲勝，核心團隊造成至關重要的作用。劉邦的核心團隊，有「運籌帷幄、決勝千里」的張良，「鎮國家、撫百姓，給糧餉，不絕糧道」的蕭何，「戰必勝、攻必取」的韓信，經過時間的錘鍊，強大的團隊必然會戰勝獨木天下的個人。大凡成功企業，都是一群人的成功，而非一己之力。

擁有劉邦和劉備手下那樣的夢幻團隊，是許多企業家夢寐以求的，建立這樣一支團隊可不是一件簡答的事情。

首先，從核心團隊的角度來看。

第一，核心團隊，要具備貢獻意願，人要過門，心也要過門，不但要有長遠過日子的打算，還要全情投入在組織工作的每一天，如果沒有貢獻就不能有分享，多大的貢獻，就應該獲得多少分享。

第二，核心團隊，要具備特殊才能，核心團隊聚集起來，是要打天下的，不是來打麻將的，打天下要菁英，而不是一群烏合之眾。另外，核心團隊成員之間要能夠相互補位，只有互補才能更好的互相欣賞，也只有互相欣賞，團隊凝聚力和向心力才更強，真正發揮組織的力量，讓每個人的力量發揮到極致，做出一個人永遠做不成的大事。

第三，核心團隊，要具備優良品格，人品問題是個大問題，不可不查。如果人品有問題，能力越強帶來的後續傷害越大，在建立核心團隊時，能力是基本要求，有一定彈性，但是人品問題絕對是否決項，沒有商量和迴旋的餘地，對此要能夠快刀亂麻、忍痛割愛的。

其次，從企業家的角度來看。

第一，企業家要有容人之格局，有才華的必有個性，容納之，他就是你的人，你要能夠「藏汙納垢」，而不是要做「精神潔癖」的企業家，對不完美的包容，是一種把握大局的能力。如果容不得別人與你不一樣，想法跟你不一樣，這樣，優秀人才你永遠也別想擁有，因為，這樣的企業家不配擁有。

第二，企業家要有分享之氣度，錢財是最為敏感的，君子愛財，取之有道，企業家要會算大帳，不要算小費，要有「以眾人之私，成一己之公」的氣度，如果在錢財上不懂分享，談什麼格局都是虛的，聚財與聚人要相得益彰，企業家在創業時，不能像個小老闆、小商人那樣，追求私利、喜歡獨占，要有發起人的姿態，合夥人的心態，不居高臨下，也不委屈放低，而是要放平姿態和擺正心態，與優秀人才一起行走天下，共享雙贏，消除信任危機，才是王道。

第三，企業家要有恢弘之理想，領導力是一種變革的力量，是一種牽引的力量，人是社會性動物，從來不喜歡被管理，但是希望被領導，這一點對於知識分子尤其明顯。企業家如果沒有熱情，就不會有任何偉大的成就，他們心中要有藍圖，並善於描述願景，方可引領，才可無中生有，才能「從 0 到 1，從 1 到 N」，在這過程中，企業家不在乎專業技能，而在乎格局與系統布局，不在於實際操作，而在乎方向與邊界把握。

最後，從組織發展的角度來看。

第一，核心團隊是動態優化的，要動態滿足業務發展需要的。要有更強的人進入，要有能力不足，動力減退的人退出，當然，進入退出一定要是良性了，要是一個擇優汰劣的過程，如果相反，那麼可能是組織營運體系和經營理念出現了問題。

第二，核心團隊要堅如磐石，在一段時間核心團隊的成員要具有相對穩定性且配合密切，透過累積沉澱形成一種積極的組織文化，以文化來管理流水的兵。

第三，核心團隊的知識與智慧要不斷固化為組織共享知識，將個人、團隊的能力轉化為組織的能力，讓人才的知識與組織的能力之間形成互動關係，最終實現組織的生生不息，人才的持續成長，不能一潭死水，不能只依靠某個人或某個團體。

第四章

企業家轉型是企業頂層設計的核心

企業家是超越資源限制，創造全新局面的人。企業家是企業營運體系的魂，企業的策略、商業模式、組織架構以及管理制度、企業文化等都是企業家思維的外化，是企業家選擇、平衡與取捨的結果。企業頂層設計是牽扯到企業上下游，企業的內外部，無疑，企業家是企業頂層設計的核心，這樣的系統性變革是離不開企業家的深度參與，只有企業家轉型，才能實現企業的轉型更新。

企業家轉型的挑戰

1. 挑戰 1：把握經營命題，建立轉型方法論體系

經營命題，是企業營運的關鍵和核心主線，企業生存和發展的內在邏輯。經營命題的把握，是企業家有所為與有所不為的策略取捨，是一種聚焦。

企業家在探尋企業經營命題時，往往會面臨著若干苦惱：(1) 在層出不窮的新問題前疲於應付而缺乏有效措施，擔當救火隊員所耗費的時間和精力遠遠超於用於規劃和布局的時間，日常管理決策更多表現為問題導向，而不是機會導向，忙於處理問題，常見的是老問題尚未處理妥當，新問題又不斷冒出來，常常心有餘而力不足；(2) 在自成體系又自相矛盾的新概念中迷失前行方向，企業家是學習動力和意願非常強的一類人，對新概念和新知識充滿好奇心，然而，沒有深入考慮不同觀點和理論的邊界和使用範圍，理論之間的衝突往往讓企業家難以將理論有效地使用於企業，聽起來很有道理，但是用起來問題多多，學了很多知識，

聽了很多觀點，依然解決了不了問題。換句話說，這些沒有實效的理論往往只是裝飾品，禁不起風吹雨打的；(3) 在互為因果的多重關係中糾纏不清找不到突破點，比如企業業績成長乏力，是行銷問題還是研發問題，是人員問題還是機制問題，還是策略問題還是戰術問題，是能力問題還是動力問題往往是一言難盡，抓住關鍵要點實現突破成為一種無形的壓力存在。

有問題不可怕，重要是的是對待問題的態度和解決問題的能力，解決問題最好的也最容易達成共識的就是成長與發展，正如斯隆在《我在通用汽車的歲月》(*My Years with General Motors*) 中所說的那樣：「成長，或者說努力去成長對企業的健康發展而言至關重要，人為地停止成長只會讓企業窒息。」要建立起發展觀並非想像的那麼容易，據我觀察，面對目前諸多傳統企業的經營困境，企業家不是缺乏危機感，而是缺乏應對危機的系統性思考方法，企業家常常會陷入現有的經營困境和常規的經營邏輯而難以自拔，企業家雖然感知到外部的劇烈變化，卻不具備快速迎合時代的能力，過去依靠單點的努力實現業績成長的方式已經不再奏效了，進入系統致勝時代，面對動態的外部環境，體系調動的難度極大且缺乏方法論。企業家們不是缺乏經驗，更多是依賴經驗，缺乏的是從經驗中提取方法論的能力，缺乏知識雜交意識，往往會局限於專業思考和行業思考，不能夠形成更大的產業格局和產業視野。企業家們也深知商業生態的重要性，只不過尚未學會去適應這種新的合作方式，合作雙贏的基礎是首先建立利益共同體，繼而才是事業共同體和命運共同體，利益共同體還沒有練成，談何事業共同體和命運共同體。

不可否認，企業家是社會的菁英群體，要不聰明過人，要不膽識過人，具備天生的商業嗅覺，對於企業外部變化有著敏銳感知和深刻洞察，然而，很多企業家並不能將對外部的洞察和內部組織能力建設之間建立有效連繫，兩者之間鴻溝始終是橫亙在企業家心頭的痛，更何況在當下的網際網路時代，在快速動盪的內外部環境下進行經營決策，要對很多沒有做過的事情判斷和下注，極大的考驗企業家的商業洞察力和領導力。在網際網路時代，企業家不但要低頭拉車，還要抬頭看路，更要仰望天空，以全球視角、產業視野和客戶角度來審視企業經營的各方面，以價值創造為原點，立足行業趨勢和企業家的個人原動力，建構企業經營管理的方法論體系，促進企業從機會的成功向策略的成功轉變，這將是一次巨大的考驗和全新的挑戰。

2. 挑戰 2：管理變革過程，有效管控變革的阻力

企業不變革，就會停滯不前、沉淪或者直接被淘汰，然而，變革過程卻面臨著很多未知的挑戰，轉型更新注定是一次跋山涉水的艱難之旅。轉型更新本身是否行進在正確的道路上都是需要時間來驗證的，即使是被公認為合理的轉型更新，依然面臨著來自企業內外部的諸多挑戰，這些挑戰主要表現中在利益體系、能力體系和文化體系的方面。

第一個就是利益體系的重新分配，變革意味著要在新的環境下對原有體系的重組和重構，也就意味著打破，這種利益的重新分配不僅僅是企業內部的利益重新分配，而是整個商業模式所涉及的相關主體的利益重新分配，阻力不僅僅來自於企業內部，還有企業外部的阻力。對於企業內部來說，變革會導致有人獲利而有人損失，甚至於不得不離開公司。對於企業外部來說，重新建構的新生態或者融入某個新生態，都將打破原有利益鏈之間的平衡，這個也是不得不去考慮和重視，並在節奏

上給予必要的管控。

一項變革可以成就很多人，同時，也往往會傷害很多人，理想的、沒有傷害的雙贏是沒有的。雙贏往往是存在於模式之內的主體，而對於舊有體系的許多成員來說，卻是真切的傷害，甚至慘遭淘汰。很簡單的例子就是，很多製造型企業，迫於生存壓力尋求模式創新，積極擁抱網際網路試圖進行管道扁平化，砍掉諸多中間商，傳統管道與網際網路管道的博弈，結果就很容易導致原有產品體系銷售的穩定性，帶來業績的大幅度下滑，這也是很多企業想去網際網路＋，而投鼠忌器的主要痛點。許多傳統企業，由於基於個體利益考慮，會本能的固守自己的乳酪，傳統企業作為一種力量的存在，在新模式設計時，如果不善運用它們，這股勢力很容易在你的模式裡成為阻力，如何規劃和雙贏才是你要考慮的，要學會把舊有勢力以發展的邏輯帶上正規，那麼它們所積蓄的能量會快速釋放，形成難以想像的爆發力。

無論如何，變革勢在必行，在考慮變革過程利益分配時，能否把握住幾個點顯得尤為關鍵，分別是「誰是我們的朋友，誰是我們的敵人」、「誰代表未來，誰代表歷史」、「如何代表最廣大人民根本利益」等，旗幟鮮明的建立自己的「朋友圈」，打壓「敵對勢力」，爭取「中間派」，才有可能將利益分配中阻力降到最低。強調一點的是，不要動輒打出創新的模式要「顛覆」或者「淘汰」誰，你的創新模式一定是要基於大趨勢，最終顛覆和淘汰的保守派一定是透過市場的力量，趨勢的力量和時代的力量。

第二個就是能力體系的重新建構，這一點相對於利益的紛爭要隱蔽一些，也為很多企業家所忽視，商業模式改變容易，但是組織能力建設不易。企業變革需要具有牽引性，但是必須要量力而為，根據組織能力的狀況做出合理的安排，不可貪多求大，求新逐快。比如某企業試圖從製造型企業向面對客戶做系統解決方案服務商轉型，這些看起來很好的想法，真正落實起來難度巨大。製造型企業優勢在於產品的製造工藝和品質保障能力，核心是企業的製造能力，而服務商，尤其是做系統解決方案的服務商，對客戶需求的掌握能力、解決方案的制定能力和商業生態系統的整合能力等成為其核心能力，企業從經營產品向經營客戶轉變，這一轉變，原有體系人員，尤其是研發體系、行銷體系和策略體系提出了全新要求，研發人員要具備商務人員的思維模式，要學會按照客戶的需求來設計和研發產品，而不僅僅是局限於專業技能，行銷人員要具備商務技能基礎上，提升專業技術和管理技術，要對客戶的潛在問題進行深度挖掘，從行銷人員向顧問人員轉型，策略制定人員不僅要按照傳統的策略思維，從上至下，從下至上地思考問題，還需要從外向內，從內向外地思考市場機會和組織能力。

越是邊界範疇大的變革，對於組織能力要求越多，但是，人員能力轉型是個相對比較長的過程，如果簡單的從外部引進人才的想法，往往只能解決點效率，很難透過大批次的引進「外援」，試圖透過「外援」實現系統效率的提升，原因很簡單，這過程中有能力驗證過程、文化融合過程、利益平衡過程等等難點，很多時候不但解決不了系統問題，甚至於把系統建設的支離破碎。

第三個就是文化體系的重新塑造，變革是經營重塑，也是經營理念和企業基因的再造，在企業「轉基因」的過程中，文化必然要發生改變，改變以往的行為方式和思維方式，企業轉型的本質是「人的轉型」，如果人的思維意識沒有發生變化，行為則難以根本性的改變，即使透過高壓政策導致行為改變了，由於意識形態上沒有接受，行為的改變也很容易變卦。比如在很多企業習慣了縱向彙報，橫向協同中如果約定俗成的會按照流程行事倒是問題不大，一旦涉及到變化和調整，溝通過程就會變得很麻煩，很多企業強調橫向協同、市場導向、價值導向、客戶導向等等，但是一旦到了執行層面，問題就來了，為什麼呢？文化使然，很多人沒有習慣於動態了根據市場快速做出反應的行為方式和思維方式，習慣於彙報請示，習慣於按領導意思辦事，習慣於沉溺於過去成功的經驗，習慣於在自己的小團體中活動，必將導致企業價值觀流於形式，說的是一套，而做的是另一套。

推動變革是企業家不可推卸的責任，也是企業家領導力的重要展現，要保障變革的成功，必須有效管控變革過程中的阻力。上述三種力量在企業變革過程中，都會存在，只不過表現形式不同，利益在表皮上，能力在肉裡，而文化卻是在骨子裡，因此，企業家在思考變革和把控變革風險中，一定要有積小勝以致大勝，在關鍵環節又要快刀亂麻的解決，這是要看具體情況，總之，變革過程中，變革的力度、角度、深度和廣度都是要把握得當，主題明確，策略靈活，過程可控，方可得出一個滿意的結果。

3. 挑戰 3：實現自我超越，啟用組織應對不確定

當組織發展帶來的複雜度逐漸超越個人能力能夠很好應對時，依靠某個人決策就會存在巨大的風險。任何人，包括企業家本人都是「有限理性」的個體，無論你有多理性，但是都是有限的，這與能力、精力、閱歷等有著直接的關係，無法做到全能。所謂的複雜，不過是超越能力後的一種客觀存在而已。應對這種複雜性，是組織問題與解決問題能力

的角力和比拚，需要企業家在角色、思維和能力上全面實現轉型，引領企業從成功走向成功。

組織複雜度是由競爭複雜度和需求複雜度決定的，外部決定內部始終是企業經營思考的基本點，而應對這種複雜度，依靠的是企業家的個人成長力和組織成長力，然而，組織成長力又在企業家個人成長力的思維框架下來定義的，因此，企業家的個人成長力是決定組織能否有效應對環境變化的關鍵所在。

企業家個人成長力源自於企業家的不斷自我超越，這種自我超越對企業家本人也是巨大挑戰，這些挑戰主要集中在以下三個方面。

首先，自我超越是一個過程，我常說改變企業家，只有兩股力量，上帝和市場。企業家的自我超越是伴隨著業務模式轉型的推進和對業務模式理解的深入，而逐漸發生改變的，因此，企業家的自我超越和轉型也是一個漸進漸變的過程，而不是一次性的。另外，內外部環境是否給予企業家這個自我超越的時間和空間，是企業家在面臨必須去進行自我超越和自我轉型時，必須要思考和面對的問題。

其次，自我超越是持續蛻變，是從個人智慧向群體智慧的進化，從企業家的企業向企業的企業家轉變，企業家本人過去習慣了在企業內部呼風喚雨的作風，一下子轉變成為組織的一個單元，融入組織去思考問題，可能會帶來諸多的不適應，這個是企業家必須要面對的，企業家更多的應該是站在市場和客戶的角度來思考企業，在策略決策上要能夠「眾謀獨斷」，在管理上要能夠「群策群力」，勇於並善於藉助外力。

最後，自我超越是不斷學習，對於企業家來說學習至關重要，但學習並不是目的，帶領企業不斷成長才是。然而，我們發現當一個企業家停止學習、自以為是的時候，也就是一個企業即將停滯不前、走向衰敗之時。畢竟在市場上，任何定位都可以被競爭對手快速抄襲，即使存在優勢也是暫時的，以戰術上的勤奮來掩蓋策略上的懶惰，在老路上舒服過日子，路會越走越窄，直至走入困境。沒有夕陽的行業，只有夕陽的企業，沒有傳統的企業，只有傳統的思維，如果說企業家智慧是企業發展的永動機，那麼學習是給企業家加油，保持活力。當然，學習的方式方法有很多種，要學會從過去的失敗中找到教訓，在過去的成功找到原因，學會從自身的歷史縱向學習，學會從相關行業的成功經驗中橫向學習，在縱橫學習中建立屬於自己的理論體系。從規律和方法論上進行持續提煉，學會駕馭方法論，成為思想的駕馭者，而不是工具的使用者，成為方法的創新者，而不是經驗的捍衛者。建立體系不是一朝一夕，成長也是一件艱苦卓絕的過程，是不斷跌倒不斷爬起的過程，學習便是一個不斷修正已知、自以為非的過程，絕不容易。

企業家的角色轉型

1. 從業務菁英向精神領袖轉變

當企業小的時候，企業家身先士卒、事必躬親，沒問題，甚至是非常有必要的，很多企業家在企業內部是業務好手，要不是技術專家、要不是業務能手，總有自己獨特的一把刷子，這也養成了很多企業家很多事情喜歡自己插手來做，「叫囂乎東西，隳突乎南北」，成為企業內部活躍的、也是最強勢的業務菁英，這很容易造成企業內部是大樹底下不長革，不管對情況了解多少，憑著自己的理解和經驗，隨性決定的做法，讓下屬無所適從，最終形成了管理權倒掛，有事找老闆，老闆成了做事的了，員工反倒成了管理者，員工倒是輕鬆了，很多老闆還樂在其中，到有一天什麼事情或者專案出了問題，那也只能是老闆來扛，沒辦法，當初就是老闆自己做的決策，還親手操刀參與部分運作的。

當企業規模大了，企業家沒有那麼多精力，也不具備那麼大的能力去做那麼多事情之前，最好的選擇是手放開，讓專業的人做專業的事情，讓專業的人盡心盡力的做事，可能比你自己動手要強很多。要做到這樣，企業家就不再要求成為業務菁英，而是要成為精神領袖，成為員工的導師和教練。所謂「精神領袖」，就是以領袖的風采，透過精神的鼓舞和引領推動事業向前發展。正如《戰爭論》（*Vom Kriege*）作者克勞塞維茲（Carl von Clausewitz）的那句名言：「要在茫茫的黑暗中，發出生命的微光，帶領隊伍走向勝利！」，或許這是詮釋精神領袖最好的表達，在戰爭打到一塌糊塗的時候，在看不清未來的茫茫黑暗之中，用自己的生命發出微光，帶領隊伍走向勝利。正如高爾基（Maxim Gorky）的短篇小說《伊則吉爾老婆子》（*Old Izergil*）其中一篇故事的主角丹柯一樣，把心拿出來燃燒，照亮後人前進的道路。如今，面對外部市場動盪模糊時，面對多元文化和多重訴求的全新人才體系時，面對網路化的組織體系時，面對大量固定和不固定工作人員協同工作時，更需要精神領袖這盞明燈的指引。

傳統文化對於領導者的最高境界就是「內聖外王」，這也是精神領袖追求的境界，在理解人的內在需求和人性的善惡之間，透過精神引領和價值觀契合，呼喚出人性的光輝和組織的活力。精神領袖是領導人身上多重素養的綜合展現，是否足夠冷靜、誠信、豪氣、有魄力、充滿正能量，在關鍵事情上能夠爆發的力量，在員工幸福投入上用心用力，形成一種無形的強大的人性感召。

2. 從突擊隊長向設計大師轉變

某個企業董事長曾說過：「伴隨著業務的發展，個人角色從一線經營參與者轉向策略制定者，更多精力放在經營決策的把握以及整體策略方向的制定。」這種覺醒是企業經營的必要，也是企業業務發展的福祉。企業家要適時從衝鋒一線的突擊隊長向企業經營體系的設計師轉變，制定大策略，把握大方向，發揮組織系統的力量，而不是依靠企業家個人超強的單兵作戰能力來支撐企業。

要成為企業經營體系的設計師，對企業家的挑戰要遠遠大於在他所擅長的領域操作的任何事項，企業經營體系的重新設計不亞於在老城區上再建新城區的難度，是要對原有體系的重新規劃和布局，是企業經營理念的重新調整，是企業的「二次創業」，在原有不規範的運作套路中找到新的戰法的過程，這裡面會牽扯到很多方面的內容，如治理模式、商業模式、營運模式和管理模式，在這裡對這幾個概念進行簡單介紹，治理模式是權和錢的問題，商業模式是利益相關方關係布局的問題，營運模式核心是處理供銷關係，管理模式是處理組織活力的問題。可以說，哪一個方面都是極具挑戰和極大考驗的，需要企業家具有智慧、格局還要有跨專業跨學科的理解力，其中最為重要的是對於人的理解。你要像諮商專家那樣能夠一針見血地揭示企業經營的本質，像設計師那樣能夠將各個部分有機組合成為一個完美的整體，還要像社會科學家一樣了解人讀懂人，這要求企業家既要具備極強的實戰經驗，還要具備超越實戰經驗的概括能力和提煉能力，有源於實踐而高於實踐的概念能力和系統思考能力，這聽起來似乎很困難，沒錯，要能夠全面駕馭體系，能夠讓組織體系有效且有序的營運，這些能力是必須的，如果不完全具備這些能力，可以透過藉助外腦，將外部知識快速內化，成為企業家自身的素養。

從突擊隊長向設計大師轉變過程，也是知識體系豐富和完善的過程，對於業務出身的「土匪型」的企業家，要成為「穿上知識馬甲的土匪」，對於技術出身的「教授型」的企業家，要成為「有點風塵味道的教授」，不能不食人間煙火，也不能簡單直接，有做一個更豐富更飽滿，既有高度有接地氣的企業家，大談人生理想卻又能落地實施的一整套方法論的系統掌握，實現內部營運有條不紊與井然有序。

3. 從荒野獵人向良田農夫轉變

從存活期摸打滾爬走出來的企業家，靠著強大的成長欲望、人生理想和敬業精神，往往更容易成長為職業殺手和超級獵人，而且個人的能力在企業內部往往是無人能及的，然而，當企業發展到一定階段，會出現典型的企業家封頂現象，企業家個人的精力有限的問題顯現，企業家個人的能力難以支撐企業繼續發展，企業經營出現業績徘徊或者業績倒退，這時候企業家們發現自己是一個「戰鬥雞」，是員工膜拜而不能企及的巨人，而不是一個「老母雞」，不擅長孵化和培養組織人才，無法將自己的經驗系統化和可複製化，組織變得越來越依賴企業家個人，如果企業家本人小富即安也就罷了，大多數企業家都是一群夢想家，不甘寂寞不甘平庸之人，個人的成功帶來的愉悅感會越來越高，更多的是組織的依賴感讓企業家本人越來越累，越來越難以分心做更大的規劃和從事更深入的學習，業務散點分布而無規律，管理混亂而無秩序，最終被業務問題和管理問題所拖累，陷入無盡的痛苦深淵。

擺脫這種無形的「枷鎖」，就得要從荒野獵人向良田農夫轉型，從打獵向種農作物轉變，透過持續的培育，獲得穩定而愉快的生活。在清楚企業經營的整體結構和策略方向的前提下，在節奏上下功夫，知道在什麼時間該做什麼事情，在什麼環節出現，在何時施肥，避免什麼樣不必要的風險等等，完成這一轉變，企業家要有野心，更要有耐心和恆心。

4. 從草莽英雄向盛世詩人轉變

企業家的成長歷程從來都不是歲月靜好的，在激盪的大環境中，摸打滾爬、敢拚敢打走出來的，這些企業家大多是草莽出身，草根背景，可謂亂世出英雄，商場征戰成就了一批優秀的企業家。然而，有一大批企業家在小有成就後，就會陷入人生迷茫，陷入了事務的瑣碎，對未來的思考停留在各種「心靈雞湯」和「名人名言」，企業家本人具有超強執行力，但是沒有辦法與員工形成共振，有「搶錢搶糧搶地盤」的衝動，卻沒有「勝則舉杯同慶，敗者拚死相救」的認知，企業老闆只是帶頭大哥，一個典型的草莽英雄，並沒有成為盛世詩人，沒有透過勾勒出令人嚮往，讓人興奮的未來規劃和前景藍圖，即使試圖做出這樣的引領，往往是乾癟的、令人難以信服的。

正如管理學家馬奇（James G. March）所說，企業家不但要會修馬桶，更要會唱讚美詩。要知道，人是社會性動物，需要引領和指引，需要在精神層面上獲得共鳴，才能在行動上產生共振，尤其是知識型員工和出生於 1990 年代的新員工，不喜歡被管理，卻需要被領導，只有精神引領和價值觀的認同，才能激發出他們內心深處的自發驅動力。這需要企業家能夠更大的視野和更高的格局上思考問題。

在企業業務發展到一定階段，越來越多優秀人才和高級知識分子的加入，對於初創期的管理風格和領導風格要同步進化，企業家要將自己做成「盛世詩人」，要有格調但不能附庸風雅，要有境界但不能天馬行空，讓自己的所言所行成為企業員工所言所行的標準和規範。

企業家的思維轉型

變革最大的敵人是既有的文化基礎和慣性思維，思路決定出路，企業家思維的轉型就是企業經營理念的轉變，影響到企業經營的所有方面。

1. 從正向思維向逆向思維轉變

某服裝公司的老闆詢問我，現在終端門市的會員已經很長時間沒有增加了，業務出現了瓶頸該怎麼辦？經過十多分鐘的溝通後，我發現這位老闆的思維上一直在沿用正向思維模式，而沒有向逆向思維轉型，作為一個與消費者高度互動的公司，如果正向思維，潛意識裡是以我為主的，就與消費者難以共振，共振是同頻的，是經過一點時間的同頻振動才能產生共振，道理如此簡單，如果採用逆向思維，你的思維模式就會轉變，會從客戶角度思考，尋找成功的密碼，而不是從自己的角度，尋找失敗的教訓。換句話說，問自己的問題，會發生變化，不會提出這樣的問題，為什麼這些款式的產品銷量不佳，庫存居高不下？而是問自己，為什麼那幾款產品為什麼銷量那麼大，是哪些客戶以什麼方式採購的，在尋找成功的內在邏輯。尋找失敗的教訓，時間久了就會有挫敗感，如果一直在尋找成功的基因，越來越自信，陽氣越旺，就可以從一個成功走向另一個成功，進入良性循環。在服裝界，ZARA 的戰術就是這個，很多人把 ZARA 的成功歸結為高效的供應鏈，12 天的全球配送，卻忽視了他們抓住了真正成功密碼，就是全球供應鏈支持的是其強大的產品力，這種產品力就是來自於其強大的設計師隊伍快速抓住最流行、最暢銷的服裝設計因素，設計師隊伍不是設計，而是捕捉客戶認可的流行。

何為正向思維？基於對市場的定位和選擇，以自我為中心，按照傳統的經營邏輯，從企業向客戶傳統自我定義的價值，正向思維不是不傳遞價值，不過這種價值是自我定位的，就像亨利．福特所說的「無論客戶要什麼車，我只有黑色的」，說的就是這個道理，當定義的目標市場需求足夠大的時候，這種思維模式依然可以保持較高的經營業績和盈利，這也造成了福特長達 19 年的行業霸主地位。那麼，與正向思維相對應的便是逆向思維，逆向思維就是根據客戶需求來安排自己的經營，目前很多企業在追求的零庫存就是這種思維下的延伸，客戶要什麼我提供什麼，這種客戶價值是客戶來定義的，企業是提供響應而已。

逆向思維和正向思維到底存在多大區別？正向思維的企業家，會把大量的資源和精力放在企業內部經營和供應鏈上，強化企業的後臺能力，透過圍繞自定義的市場，進行市場布局，這種思維下，經營資源投入在市場快速變化時，可能會失效，這也是目前很多企業家困惑的原因，投入的廣告不知道效果如何？建設的管道到底能夠產生多大的收益說不清等等。大量生產必須以大量銷售為前提，大量銷售必須以大量需求為主導，採用逆向思維的企業家，對客戶互動的要求很強，網際網路思維之所以熱門，原因在於企業和客戶相互舞動起來了，抱著逆向思維的企業家，會把資源向前端傾斜，向客戶介面延伸，在後端上逐漸向輕資產模式延伸，現在流行的「社群商務模式」就是要建立客戶社群，讓每一份投入更加有效。

2. 從交易思維向雙贏思維轉變

為何很多企業家沒有形成商業模式的體系和架構呢？這與企業家們在思考客戶價值時，出發點有著直接的關係，僅從企業自身考慮，而沒有建立起全新的商業模式思考，商業模式思考的是價值創造體系，是商業生態，是若干利益相關者之間的連線方式，甚至於是跨越多個行業，多個企業之間的合作，是一盤非常大的棋，這盤棋能否下活了，關鍵在於這些相關方在利益上是共同的、一致的。所以說，沒有雙贏就談不上商業模式，企業也就只能在自己的小王國裡翻轉搗亂了。再說的直白點，如果你沒有雙贏的心態，你用的人，你合作的夥伴都是低層次、低水準的，要想做大做強，就得雙贏，要知道多一個強者合作，開啟一個新的局面。

《小松模式：全球化經濟下企業成功之道》一書，講解了身為全球工程機械行業的第二大公司的小松，在面對經濟危機時，不是選擇壓榨供應商來求自保，而是動用巨大的資金採購供應商的庫存，來保障供應商存活下來，這種雙贏的經營理念，與外協企業共同繁榮，對因大幅度減產而陷入困境的外協企業施以援手，以收購裝置及零組件的方式幫助外協企業渡過難關，促進外協企業之間的切磋思索等一系列手段，造就了小松強大的供應鏈合作體系的能力。反觀國內的企業，我們會發現，大多數企業之間都是簡單的交易關係，真正意義上建構起商業模式和商業生態的微乎其微，壓榨供應商、壓迫通路商的做法很普遍，甚至於在一些非常知名的品牌，都在採用這種粗糙的做法。

我們提倡價值行銷，但是現實世界中價格戰讓很多企業家難以跳出現實經營的困境來思考客戶價值，轉身艱難，認可客戶價值理論，但是營運依然我行我素，不是不想變，而是現有體系和格局沒辦法支撐轉型，追溯根源，還是因為企業經營的交易思維，沒有建立起共創雙贏的經營理念。我們常說，企業家最怕的就是自我封閉，從自我利益的角度考慮問題，與上下游之間是交易關係，與內部員工之間是交易關係，交易產生較量，較量內生衝突，時間久了，接觸不到視野之外的機會，自我滿足與自我膨脹，就會很麻煩、很危險。

交易思維會把業務做成買賣，雙贏思維才能把業務做成事業，大家共同的事業。企業家或者企業本身，即使渾身是鐵，也打不了幾根釘子，要想建立起雙贏的思維，必須拋棄獨占的想法，與上下游，與內外部人才，共創價值，共享成功。

3. 從存量思維向增量思維轉變

在企業裡，企業家被挑戰最多話題的就是企業家格局問題。格局這東西是一種情懷，是一種很虛的東西，但是會展現在公司制度上和管理方式上。那麼，如何展現格局大小呢？最多的還是展現在錢和權的分配上，捨得分權、捨得分錢就是一般意義上的大格局，很多企業家跟我說，不是不捨得分錢與分權，關鍵是看員工價值創造多少，這就陷入「雞 - 蛋」的矛盾惡性循環。

成長思維就是一種典型的成長思維，儘管目前整體市場是從增量市場向存量市場轉型，存量巨大，增速減緩，增量有限，但是市場機會依然巨大，如果以成長思維來看待這些，可以創新出很多玩法，存量市場更要有增量思維來應對，這樣組織才具有張力。

電影《投名狀》，別人看到的是兄弟義氣、宮廷爭鬥和「搶錢搶糧搶地盤」的土匪氣息，但是我看到的卻是如何透過增量思維將一群土匪變化成了一支攻城拔寨、氣勢如虹的軍隊。具備存量思維的企業家，會把眼光鎖定在短期經營業績上，圍繞目前產生的收益如何分享而糾結，更多依靠管理和制度來驅使員工付出。而具有增量思維的企業家，會把目光放長遠，善於勾勒願景和畫大餅，依靠的是點燃員工的內心深處的火苗，激發員工內驅力來創造無限的可能。說起來很有道理，怎麼做呢？舉個案例，在某家企業，為行銷體系做薪酬激勵方案時，就採用了增量思維的模式，分別按照產品、區域和客戶類別等進行激勵機制設計，比如在利基市場採用超量提成的辦法（超過年初確定目標部分，分享較高的提成比例），在新開發市場採用增量提成的辦法（超過上一年度的實際銷售額，分享一定比例的提成），這樣滾動下去，激勵效果巨大。

4. 從全面思維向關鍵思維轉變

IBM 傳奇 CEO 郭士納認為：缺乏焦點是公司平庸的原因。這需要企業家要快速的從全面思維轉向關鍵思維，圍繞關鍵點發力。

聚焦關鍵成功要素，企業策略舉措就是圍繞企業競爭優勢來的，而競爭優勢一定是在關鍵成功要素上找到落腳點的，換句話說，企業在確定資源投入時，第一步是找到關鍵成功要素，第二步是圍繞關鍵成功要素，確定企業的競爭優勢，第三步是根據競爭優勢確定公司的策略舉措，第四步是根據策略舉措確定具體的專案和計畫，第五步是根據專案和計畫來整合和配置資源。聚焦關鍵要素就是聚焦有效，就是聚焦優勢，所以，只有抓住關鍵成功要素，才不會讓企業淪為平庸的無特色企業。

聚焦強勢業務，GE 先後兩次賣掉家電業務，第一次是 2014 年以大約 33 億美元出售給瑞典家電企業伊萊克斯（Electrolux），第二次是 2016 年以 54 億美元向中國海爾股份有限公司（海爾）出售 GE 家電中高階業務，兩次出售家電業務並不是因為家電業務無利可圖，而是 GE 並不擅長管控家電業務，尤其是在面對客戶的安裝服務以及維修服務等方面，更是把控力薄弱，擔心這種非強勢業務對其品牌帶來不良影響，更加符合 GE 成為全球最大基礎設施和技術企業的策略。

聚焦關鍵功能，在休閒服裝行業，優衣庫（UNIQLO）是一家技術驅動型和行銷拉動型的公司，在技術方面，打造了包括搖粒絨、Heat-Tech、輕羽絨、AIRism 等多個技術商業化的熱銷款，在行銷方面，用了 7 年時間培養了 4,000 多名優秀的店長，引進了大賣場式的服裝銷售方式，透過獨特的商品策劃、開發和銷售體系來實現店鋪運作的低成本化，由此引發了優衣庫的熱賣潮。聚焦關鍵功能（研發和行銷），讓優衣庫總經理柳井正「九死一生」的商業理念，在「創新」上找到了答案。

聚焦核心產品，核心產品就是熱賣品，蘋果手機就是以打造熱賣品為核心的公司，這種「逆產品組合」的方式，不求「多子多福」而是強調「優生優育」，採用「卡西歐」式的快速迭代方式的產品開發模式，讓產品保持持續優勢。

聚焦關鍵人員，某家以變頻驅動為核心的工控企業，人才是企業成功的基石，其中尤其是精通行業、技術和商務的複合型人才更為關鍵，企業領導層認識到這一點，並經過多年的培育，打造出一支令同行膽寒又羨慕的複合型人才戰隊，隊伍目前達 100 多人，每一個都是具有行業拓展能力的將才。

在目前這個商業世界裡，機會很多，陷阱也很多，如果不能聚焦，很多時候機會就會演變成陷阱，一旦涉足而不能形成一定的競爭力的話，一切努力可能白費，為此，企業家一定要有關鍵思維，根據業務類型和營運特點，抓住關鍵點，快速形成突破。

企業家的能力轉型

1. 從「近親繁殖」向「知識雜交」轉變

對於企業家來說，眼界有多廣，事業就可以有多大。企業家的學習速度決定了企業的成長能力。想當年馬雲只是一個英文老師，1995 年去了趟美國西雅圖，改變了馬雲，也改變了華人的消費模式。如果我們一直局限在自己的圈子裡，一直在「近親繁殖」，很難獲取新知識、新見解，能力就會受到限制，想要突破，必須「知識雜交」，透過新知識來提升企業家個人的認知水平。

我身為某私人董事會的專家顧問，經常參與董事會的一些考察交流工作，該董事會是由多個不同行業的企業家所組成，董事會經常組團拜訪某個企業，然後由這個企業的負責人介紹公司的業務和管理，其他成員發問和評論，要求知無不言、言無不盡，企業負責人會聽到一些內部人員從來不會說、也不敢說的觀點和看法，雖然，經常聊得面紅耳赤，但是每次都是收穫滿滿、啟發很多，這個過程就是一個非常好的「知識雜交」的過程，表揚和批評都有，衝擊力度是相當大的。

另外，獲取「知識雜交」的方式還有很多，比如在內部提倡一種開放的文化，為企業的發展出謀劃策，這種措施對於小企業特別有用，一旦企業大了，大家都七嘴八舌的可能反而會造成混亂，一定要有限度。還有就是諮商外部專家顧問，與諮商顧問打交道是一件不錯的選擇，諮商師走過很多企業，「他山之石」品味一下，對於開啟個人思路大有裨益，另外，諮商師結構化、系統化的知識體系，對於企業家提升思考力和方法論也有不錯的借鑑意義，要能夠與專業人士建立暢通的溝通管道，企業家必須愛惜人才，愛才如命才行，拿出有錢人的架勢藐視一切知識分子的做法，無論你智商多高，注定只能做成一個井底之蛙。

歸根結柢，還是企業家自己主動學習的動機和能力，要始終對學習保有飢渴感。學習主要有兩種方式，一種是橫向學習，在同一個行業內，向競爭對手學習，向行業標竿學習，或者向跨行業企業學習；另一種是縱向學習，向同一個產業上下游企業學習。從別人的成敗得失中找到自己通向成長的道路，這條道路一定要適合自己的，也一定要具有特色的，切不可簡單模範或抄襲。

2. 從「企業洞見」向「產業視野」轉變

從 2012 年起，某一家在服裝界的新公司，提供全方位的「供應鏈解決方案」，號稱服裝製造業的「UBER」，該公司專注於服裝行業的「小量、快速生產」的柔性供應鏈平臺。該公司創始人認為，現在是一個遍地機會的公司，有很多訂單，也有很多生產工廠，但是缺乏組織者和管理者，致使雙方難以協調配合。該公司透過整合優質商家（為商家生產優化提供專業顧問服務）、客戶訂單、設計師來打通供需的產業鏈，致力於打造一個開放的「ZARA 的供應鏈」並將其開放給所有服裝賣家，成為生產供應鏈領域唯一的「策略合作夥伴」。這家企業就是從產業的角度出發，找準了產業中存在的痛點，並從產業的高度實施統籌以解決問題，為自己創造一個巨大的趨勢。

類似的做法，諸如諸如 GE 開放的 PREDIX 工業大數據平臺，就是從產業的角度出來，來解決整個產業中的結構性問題。這些都是產業視野，而不僅僅是企業洞見，如果單從一個企業的角度思考問題，你會發現很多時候客戶面臨的問題並非是你一個人可以解決的，你的企業不過是產業鏈中的一環，即使再強大也改變不了整個供應鏈的效率，只能在點效率上施力，而產生不了線效率，更難以實現面效率和系統效率，而是需要在更高層面上尋求商業模式創新，透過模式來解決系統的結構性問題。

3. 從「戰術思考」向「策略思維」轉變

評價一個人是否聰明，關鍵看其能否在多對矛盾體系相互融合中做出明智的決策。在精妙的設計也抵擋不住關鍵時刻的一個錯誤決策，企業策略的過程就是一個有系統的放棄和有組織的改進過程，既要關注生存，也要關注發展，是多組矛盾的對立統一體。

杜拉克曾經問一位企業家，他將最優秀的人才安排在什麼地方，透過了解後發現，他給這位企業家的答案就是，他將企業最優秀的人才安排在解決今天的問題，卻沒有為未來機會做準備。杜拉克認為，戰術就是要解決問題，而策略則是要為未來做準備。我們都知道未來並未發生，但是具備策略思維就是要讓我們今天做的事情具有未來意義。可以說，策略思考強調的是今天的見利見效，而策略思維強調的不僅是今天的見利見效，還要具有未來意義。

策略思維需要處理多組對立統一的矛盾：1. 動靜結合，展現在策略目標的制定上，不會僅僅追求靜態的策略目標，還要追求動態的策略願景，並且在企業發展過程中動態的調整目標，另外展現動靜結合的，還有企業核心競爭力方面，在強化核心業務的競爭力的同時，追求新業務的發展和新的競爭優勢的締造，正如《創新者的窘境》(*The Innovator's Dilemma*) 作者克里斯坦森提醒的那樣，防止創新性技術的顛覆；2. 剛柔並濟，企業資源分為策略性資源和戰術性資源，正如傑克．威爾許在《贏》一書中講解預算計畫編制那樣，如果將財務與業務充分結合，最終制定出來的預算計畫並不痛苦並且會很有效，這也充分展現了策略性與戰術性的深度融合；3. 長短相宜，頂層設計絕對不是一次完成的，而是一個動態的不斷調整和優化的過程，抱有策略思維的企業家會將制定頂層設計持續化。

第五章

策略轉型是頂層設計方法論的核心

管理者要能夠在我們當前所處與將來可能會遇到的激流中洞悉競爭激烈的舞臺，並量身訂做富有成效的策略。

——彼得·杜拉克

「策略」一詞於 1957 年，艾倫·內文斯（Joseph Nevins）在對亨利·福特和福特汽車公司的歷史定義中第一次提到。策略原義為戰爭的策略，對於企業管理者來說，它則是企業經營致勝的經營方略，是連結企業內外部的紐帶。策略是企業經營的綱領，是主線。所謂綱舉目張，只有策略問題陳述清楚了，才能把組織內外各方面布置妥當、有條不紊。在美國進行的一項調查，有 90% 以上的企業家認為企業經營過程中最占時間、最為重要、最為困難的就是制定策略規劃。

策略：有系統的放棄和有組織的努力

1. 到底什麼是策略？

曾經，有幸受邀參加某企業策略規劃研討會，我能夠與會的原因是該公司總經理與高階主管們討論多次，終於形成的策略報告，似乎總覺得少了那麼點感覺，不痛不癢，指導性不強，擔心付出這麼多辛勞，最終做出來的檔案又成了一份塵封的報告。

會議由總經理和相關部門分管及高階主管組成，共十餘人。研討會按照正常流程在推進，由策略規劃部負責人彙報策略規劃報告，相關主管評價，主管點評之後，由我來提建議。我注意到，策略報告本身平淡無奇，一個標準的範本行文下來的檔案，但是，主管的評價卻是千差萬別、千奇百怪，換句話說，每個人對策略規劃報告的認知角度有較大區別。

觀察到這個現象後，我並沒有直接對策略部門的報告進行評價，而是以提問的方式向當時參會的所有高階主管提出了一個問題，問題很簡單，就是「什麼是策略？」，我想如何對於策略是什麼，為什麼做都沒有搞清楚，那麼做出的所謂「策略規劃」只能是一個範本和標準化的東西，完成了一個填數字的數字遊戲了，這只能以外表的專業來掩蓋靈魂的空洞。

可謂一石激起千層浪，這一問題立刻引爆全場，本來就很健談的高階主管們像是開了閘門的水壩，紛紛發表自己的高見，有人說策略就是目標，然後圍繞目標如何分解的思路，以及目標如何制定的認識。有人說策略就是企業要成為什麼（願景），說清楚自己是什麼，然後如何成為想像中的那個樣子。有人說策略就是策略，不斷取得勝利的點滴的累積，要從策略上尋找出路。也有人說，策略就是行動大綱和行動計畫，分幾步走的問題，以及每一步投放多少資源的問題。還有人說，策略分為大環境分析，找到機會窗口進行市場定位以及資源配置體系和落實體系的結合。也還有人說策略是定位、目標、路徑以及舉措的綜合……每一位高階主管都有自己的一套，看起來也都很有見地。圍繞他們各自的想法多少也能編寫出某種形式的策略報告。高階主管們充分表達完各自的觀點後，總經理一臉茫然的看著我，這些觀點好像都很有道理，好像又似乎不那麼完整，希望我能夠給出一個令大家都信服的觀點。

坦言，在管理學界，對於策略的理解派別林立，有人說策略是集中的藝術，有人說策略是定位，有人說策略是能力，有人說策略是模式，也有人說策略是一種取捨，不一而足。

為此，我並沒有直接告知我對策略定義的認知，深知直接丟擲觀點，這些已經自成體系的高階主管們並不會一下子接受甚至於會抗拒。我便選擇自問自答的方式來引導高階主管們逐漸形成共識。我認為各位高階主管回答的都沒錯，但是不完全，其實，策略是什麼並不重要，為什麼需要策略才是最重要的，也就是說策略存在的理由是什麼？策略作為企業經營綱領，其存在的理由藉助於杜拉克在《自我管理》中經典五問，進行了適度演繹就是：第一，說清楚企業到底是誰，將會是誰，為外部做出哪些貢獻；第二，說清楚企業在哪些市場競爭，為哪些客戶服務；第三，說清楚企業如何為客戶服務，並形成哪些優勢；第四，說清楚企業在產業鏈中的角色，及資源整合方式；第五，說清楚資源配置的先後順序及具體落實計畫。說完這五個理由以後，高階主管們並沒有任何疑議，既然理由認可，那麼，透過理由所陳述的觀點，可以提煉出幾個關鍵詞就是：貢獻、客戶、競爭優勢、資源整合、先後順序等，把這些概念串起來就很容易說明白策略是什麼，策略就是在特定的經營背景下，圍繞目標客戶，透過有效的資源整合來提供價值貢獻以獲取競爭優勢，並明確資源配置的先後順序。簡而言之，策略就是定位組織以獲取競爭優勢，透過有系統的放棄和有組織的努力來創造獨特價值，獲取競爭優勢。

所以說，策略規劃很重要，更重要的是策略規劃報告背後的策略思維，策略的一切出發點是為客戶提供價值，而客戶的需求是動態的，所以策略必然也是動態的，在這個動態的變化中，有許多可控的因素，也有許多不可控的因素；有著大量已知的要素，也有大量未知的要素；有著諸多定性的理解，也有很多定量的分析，策略的制定過程是全面考驗企業決策層決策智慧的，最終能夠提高整個組織智慧的一項關鍵性事務。

策略絕對不會是一個按照範本做填空的填空題，也不是一個基於目標做分解的計算題，也不是一個確定企業是誰，分幾步走的選擇題，也不是透過大環境分析找到機會窗口的判斷題，而是融合大環境判斷、細分定位、經營命題把握、目標分解、路徑選擇等多重問題為一體的一道系統性大題，是一項高度專業性、高度系統性和高度創造性的工作，這也就造成了策略規劃極具挑戰性的根本。為此，我們將策略作為一個大的體系來理解的話，策略體系應該是：價值創造體系，指引企業聚焦哪些目標市場，為目標客戶創造何種價值，以及如何創造價值；資源配置體系，將資源配置進行輕重緩急進行分類，並作出合理選擇的體系；責任分解體系，明確各個單元在組織體系中的價值創造責任，是責任分解而非僅僅做目標分解；目標達成體系，價值創造活動與價值創造保障相結合，靈活動態應變以達成公司策略目標的體系；時空布局體系，確保組織現實有利有效，又具備未來意義，實現策略戰術統一，兼顧生存與發展；價值效率體系，實現市場價值創造與內部組織營運有效對接，內外互動。

所以說，策略報告是要有靈魂的，靈魂就是策略思維，是指導策略報告制定的主線，是企業贏的內在邏輯。圍繞著策略的屬性和策略思考的步驟，進行了一個多小時的講解，終於在企業內部形成了對策略規劃的認知達成初步共識，也為我後期成為該公司常年策略顧問埋下伏筆。

2. 策略的基本屬性？

策略規劃如此重要和困難，不是在於策略規劃報告的形，而在於策略規劃報告背後指導策略規劃制定的神。對於企業家和企業高階主管們，只有充分抓住策略的基本屬性，方可更好的理解策略，制定策略。

透過總結與歸納，我認為策略應該包含五大屬性：

☞ 第一、策略要具有前瞻性

前瞻性就是要對未來做出一個趨勢性預判，即外部如何變化和內部如何發展給出一個大方向和主基調。所以說很多人的成功，實質上是趨勢的成功，把握住趨勢，你就成功了，把握不住，有時候再怎麼努力可能都是白忙一場。

在趨勢的研判中，外部的變化尤為重要，包括政治、經濟、社會生活以及技術等的總體發展趨勢，這些變化對於企業所處的行業會帶來哪些影響。透過分析可知，我們可以在哪些行業，哪些市場，哪些產品上可以獲得更大的投資報酬，比如說，透過趨勢可以判斷出產品競爭已經走到盡頭，而面對客戶做整體解決方案是未來的方向，那麼未來的技術方向就是如何融合多技術專業來推出全新的服務和方案，而不是在原有的產品上只做縱向的技術更新，原因就是簡單的產品已經不代表未來的方向，而是整體解決方案才是未來的方向。再比如，隨著新型製造業的發展，智慧製造成為未來的趨勢，為企業智慧製造做配套和服務的行業便成為未來的趨勢，投入其中，未來的前景就可以預期。

前瞻性就是要做到「人無我有、人有我優、人優我精、人精我變」，始終快對手半步，獲得高於行業平均利潤率的水準與對手競爭，始終把握競爭的主動權和經營的主導權，有的放矢地調動內部資源。在企業內部，員工希望領導者們能夠具有前瞻性思維，透過引領未來而不是管理現在來激發員工的熱情，如果沒有前瞻性，就對在組織內部造成混亂，滿眼都是工作，卻永遠不知道哪些重要哪些不重要，該做哪些不該做那些。

具有前瞻性的策略思考，可以在現在經營中埋下未來發展種子，不論是對於「種子業務」的培育，還是對於「種子人才」的培育，都是可以在未來的某個時候，在恰恰需要的時候，派上用場，保持組織生生不息的成長能力。

☞ 第二、策略要具有利他性

麥可．波特（Michael Porter）在〈策略是什麼？〉（What is Strategy?）一文中，提出的核心觀點就是策略的價值創造和策略的配稱性，為客戶創造價值的利他性思考是策略思考的根本出發點，如果脫離了利他性，策略就會封閉，就會跑偏，就會脫離主線，如果不以利他性為出發點，那麼策略就會陷入兩個惡性循環，第一個就是策略會圍繞著競爭來做，這是目前大多數企業在制定策略時的基本思路，結果只能是一個，那就是走入策略困局，走入同質化的價格混戰；第二個就是策略會圍繞著組織能力來做，將策略和能力混為一談，按照錢德勒（Alfred Chandler）的觀點，策略決定組織，組織支持策略的觀點來講，組織能力是服務於策略，是為策略的實現提供支持的，而不能將策略等同於能力。這兩個惡性循環的結果是什麼呢？如果圍繞競爭來做，企業整天思考的是如何殺傷競爭對手，企業可能規模會不斷擴大，但是獲利能力會越做越小，企業會越走越困難；如果圍繞能力來做，企業可能看起來越來越規範，但是營運系統會越做越封閉，變成沒有方向的窮折騰。要想越做越大，越來越強，只有面對客戶需求，思考如何提供價值，別無他路。

對於利他性的理解上也要注意，按照 7-11 老闆鈴木敏文的觀點：「不要為客戶著想，而是要站在客戶的角度思考」，換句話說，不是客戶要什麼就給什麼，而是客戶真正的需要的是什麼？深層理解客戶的需求，才能抓住企業經營的關鍵成功要素，在成功的要點上發力才更有效，而不是被客戶牽著鼻子走，被動回應。利他性思維，就是要企業站在目標客戶的角度上思考企業存在的理由和價值，以開放的姿態和動態的思維，保持策略的鮮活性和組織活力。沒有價值，企業就沒有存在的理由和必要。擁有利他性思維的策略，會始終尋找客戶尚未滿足的隱性需求，不斷重新定義客戶需求，積極尋找客戶的痛點、癢點和爽點，帶來客戶體驗的大不同。

☞ 第三、策略要具有差異性

差異化是必然趨勢，差異性就是要回答，你和別人做的有什麼不同，這是客戶選擇你而不是競爭對手最主要的理由，也就是企業能夠獲得競爭優勢的前提，比如說，是企業在產品效能上更優越，還是給客戶體驗更好，還是具有更強的經濟性，還是價格上更便宜，必須要有一個或者多個不同。要做到差異化，就是要找到哪些需求沒有得到滿足，哪些方式可以更好的滿足需求，這個其實並不複雜，只需要觀念的轉變，做起來並不困難。其實，只要能夠深入客戶，走進客戶的生活方式（消費品）或者客戶的價值鏈（工業品），與客戶互動起來，很多差異化的需求和差異化改進的答案，已經在那裡，需要的只是企業能夠俯下身來，用心地傾聽客戶，以客戶的立場思考改進的方向，就已經足夠了。

☞ 第四、策略要具有配稱性

配稱性是麥可．波特提出來的一個詞，對於大多數企業來說，還是比較新鮮，或者說比較拗口，簡單來說，配稱性就是保障企業內部資源配置和功能設定上要支持策略，同時相互之間還能彼此成長，而不是互相對立和損耗。

配稱性聽起來比較學術味，其實不然，配稱性前提是強調策略實現是需要資源來保障的，要能夠有效落實的，如果不落實，再好的策略都是沒有意義的，配稱性也就是要讓資源配置的結構和節奏要科學合理，換句話說，就是要明確資源配置的關係和先後順序，圍繞策略的路徑有效有序的配置資源。在我看來，理解配稱性最簡單的方法就是要有拼圖思維，配稱性需要運籌帷幄，在合適的位置放置合適的資源，在合適的架構下配置合適的功能，在合適的職位上選用合適的人才，資源和功能不但配置有效，其產生的影響還應當是正面的、積極的，配稱性也意味著可操作可落地性。

配稱性在很多企業策略制定中，或多或少的都在應用著，舉個簡單的例子，企業確定了策略方向和策略目標後，在策略舉措環節，需要各個業務板塊和職能部門明確各自的任務，圍繞策略目標的舉措上，要能夠全公司一盤棋，研發、製造和行銷部門之間的策略舉措要相互呼應和彼此增強的，人力和財務等部門的舉措要與業務主線的相關部門之間策略舉措要求同步性和互補性的，這就是策略的配稱性，為實現企業的競爭優勢提供一致的、共同的努力。

在為很多企業做策略規劃中，看到一個很明顯的問題就是，企業列出十條策略舉措，但是策略舉措之間的關係到底是什麼，沒人說得清楚，即使是按照某種策略工具，比如 BSC（平衡計分卡）做出來的策略舉措，大多也是自說自話，沒有必然連繫和內在邏輯，沒有配稱性的考慮，就會存在大量的管理資源的浪費或者損耗。

☞ 第五、策略要具有系統性

系統性思考，就是系統思維，就是要理解整體與區域性的關係，企業對於各個部門和職能板塊來說是整體，但是對於整個產業鏈來說就是區域性，對於系統思維就是要將企業放到一個更大的範疇裡面思考企業。如果脫離了環境，一切問題和答案都是沒有意義的，系統性就是要打通企業內外部和企業上下層之間的關係。回答企業的目標是什麼，為什麼制定這樣的目標，實現這樣的目標需要什麼樣的資源保障，資源的整合透過哪些方式實現，相關利益方如何合作，過程中存在哪些風險等。

企業已經無法依靠「一招一式」獲勝，靠得是系統性和結構性的策略體系，很多企業經營總是東一榔頭西一棒，始終抓不住問題的核心和關鍵，只是在表面問題上應急救火，核心還是缺乏系統性思考。比如，很多企業提倡創新，為此某個企業在研發上大力投入，但是研發創新出來的產品並沒有市場，企業老闆百思不得其解，深入了解後發現，產品的技術方向與客戶的需求之間存在的巨大鴻溝，加之追求技術的先進性帶來產品價格的居高不下，市場的接受就變得很困難，為此，我們為客戶提出了兩個建議，建議一，就是銷售人員和研發人員組成虛擬團隊，共同服務客戶，在服務客戶過程中完善產品；建議二，就是組織一批懂技術的市場人員成立市場應用部，連結業務部和研發部，透過市場應用部來牽引技術的優化。兩種建議其實本質都是一樣的，就是圍繞客戶做開發，實現需求之聲在企業內部無障礙傳遞。

可以說，沒有營運系統的公司永遠都是小工作坊，沒有管理系統的公司永遠都是游擊隊，系統性思維就是以系統的方法論，實現有系統的放棄和有組織的改進。

3. 到底誰來做策略？

在給企業做培訓過程中，感受最明顯的就是企業對於行銷策略和技能的課程在縮減，價格在降低，而面對商業模式和頂層設計的高階課程越來越多。企業家經歷了集體迷茫和困惑後，開始積極從策略層面思考企業經營之道，開始捨得在策略管理方面進行投入，並且在組織層面上完善策略管理體系。然而，接下來的問題也出現了，很多企業家發現重資打造的策略部門似乎沒有發揮出應有的價值，能力表現也不如預期，做了一大堆行業的分析，但是對於企業該怎麼做沒有什麼見地，做出來的策略報告也不痛不癢的，啟發性不強，很多策略報告簡直就是把企業家的發言稿翻譯了一下，沒有什麼創新和啟發。

存在這種想法的企業家比比皆是，認為重金請來某位策略高手，由某位高手負責策略問題，企業的策略問題和商業模式問題就迎刃而解了，存在這種想法的企業老闆大多會失望，可以說，這也是對於策略制定的一個非常大的理解失誤，就是應該誰來制定策略沒有搞清楚。

到底該誰來做策略呢？

首先，要從策略包含幾個層次談起，公司的策略一般來說存在著三個層次的策略，分別是經營策略、業務策略和職能策略，其中，經營策略又稱為大策略，是基於產業發展趨勢和企業家追求的，包括企業的定位、目標和願景等，換句話說，企業家想把企業做成多大，做成什麼樣子，直接決定了組織能力需求的層次；業務策略又稱為業務競爭策略，是基於競爭態勢和企業資源，圍繞企業業務結構和市場競爭，闡明企業的價值創造和價值傳遞方式的策略體系組合，換句話說，就是你拿什麼跟別人競爭，以什麼方式跟別人競爭；職能策略，是基於業務特點和產品特性，由各個職能板塊圍繞公司經營策略和業務策略提供支持和保障的支撐性安排，換句話說，內部的各個板塊該做些什麼才是最有效的。根據不同層次的策略所涉及的範疇不同，三者之間的責任主體是存在區別的，經營策略的責任主體是企業老闆或者決策團隊，其他人沒有權利和能力來制定經營策略；業務策略的責任主體是業務單元的負責人，比如分公司的總經理（決策團隊）或者事業部總經理（決策團隊）；職能策略則由各個職能部門負責人來承擔。

這麼說，好像策略管理部門在裡面沒有提及，是不是策略管理部門就不需要了呢？其實不然，策略管理部門對於策略制定的價值主要展現在：

第一，提供基礎保障性服務。策略是面對未來的，因此，存在著大量可控因素和不可控因素，企業要獲得成功，就是要在不可控因素上把握趨勢，在可控因素上做到極致，不可控因素涉及到政治、經濟、技術、社會生活、產業鏈、競爭對手等等多個方面的內容和資訊。要做到能夠及時精準地把握外部不可控訊息，必然需要有專業的人員透過專業的工具和方法，提供梳理和歸納，為相關策略的責任主體在可控因素上做出決策提供基本保障。

第二，保障達成共識性認知。由於不同專業人員的語言風格不同，思維模式不同，所表達的觀點的一致性上往往會產生分歧，因此，專業的策略管理人員，透過歸納和演繹，統一各個領導者的語言風格，形成符合企業文化的、一致的策略語言，以便於更好的達成共識。

第三，提供專業服務性諮商。專業的策略管理人員能夠從模板和工具層面上，為各層次策略的負責人提供必要的支持，透過策略人員的串聯，將零散的觀點和凌亂的想法整合為整體，確保策略符合的系統性和配稱性要求，否則單純依靠各個負責人的專業化思考，這兩個策略屬性是很難保障的，可能會在執行過程中產生不必要的衝突。

結合策略的基本屬性來講，策略的利他性是企業各個層級的基礎和共識，策略的前瞻性和差異性，是要由各個層次策略的負責人來承擔責任的，負責人一定是策略的參與制定者，而不是評判者。而策略的系統性和配稱性，則要由策略管理部門（或承擔類似職能的部門）來串聯達成策略的統一和耦合的。

策略規劃的三部曲

對於策略思想的深度理解，可以更好的指導企業做出一份簡潔明瞭、層次分明又具有很強操作性的策略規劃，無論思想多深奧，但是呈現的結果一定要是簡單易懂的，要能夠說清楚輕重緩急、先後順序的指導性綱要，簡單來講就是，策略規劃，要能夠說清企業從目前狀態 A 達到理想狀態 B，以及實現路徑的系統規劃。在實際制定策略規劃過程中，一般來說要經歷三個關鍵步驟，分別是策略反思，對目前狀態 A 的全面自我梳理；策略設計，從 A 向 B 走向未來路徑舉措的自我定義；策略實施，把策略落地，把企業做成你想要的樣子。

1. 策略反思

德國鐵血宰相俾斯麥（Otto von Bismarck）曾說：「只有向後看得更深遠的民族，才能向前看得更清楚。」同樣對於企業來說，面對未來做策略規劃時，第一步應當是進行深刻的策略反思。

策略反思分為三個方面：(1) 企業過去是怎麼成功的？(2) 企業目前面臨哪些挑戰？(3) 企業是否具備未來持續成功的條件。按照時間的維度，從歷史角度進行深刻的策略反思，提出企業從過去走向未來的方向和路徑。

(1) 企業過去是如何成功的？

這是企業的歷史回顧，這個歷史回顧對於很多企業來說，是不大願意提及的，換句話說，很多企業成長的第一桶金和成長初期都是充滿著灰色的內容，但是，無論如何，企業必須要正視歷史、正視過去。透過我的觀察，企業成功無外乎三種情況，第一種情況是被餵大的，透過享受特殊的政策或特殊的資源，衣食無憂的長大，與市場的血雨腥風相隔甚遠，特殊身分決定了特殊成長經歷，這種企業大多集中在特殊行業的國營企業或國營企業下轄分公司；第二種情況是拚大的，靠著企業家的膽識和組織的能力，在不斷打拚不斷摸索中一步一步成長起來，以優秀民營企業為主；第三種情況是混大的，這一類是典型的投機商，哪裡有吃的，就往哪裡走，憑藉商業嗅覺或特殊管道獲取的商業資訊，掌握著商業先機，這類企業大多不具備強大的組織能力，利用巧勁遊走在財富邊緣。

2. 企業目前面臨哪些挑戰？

運籌學之父艾可夫（Russell Ackoff）說過：「我們的失敗，一般不是因為我們無法解決所面臨的問題，而是因為我們無法面對真正的問題。」企業必須要搞清楚陷入困境的影響因素，即企業的內外部環境發生了哪些變化，讓原本的獲利之道失效或者受到影響？內外部的不可控因素是具有普遍影響的，不做太多討論，但是企業在可控因素上可以完成自檢。自檢工具無需太複雜，我將企業自檢工具稱為行業趨勢表和企業活力表，行業趨勢表包括三個方面內容，即需求總量增速、平均利潤率和通路銷售結構；企業活力表包含五個方面的內容，即產品銷售結構、客戶結構、市場結構、利潤結構和人員結構。

行業趨勢表中，需求總量增速，反映整個行業的變化趨勢，是屬於增量市場還是存量市場，公認的指標是增速與 GDP（國內生產毛額，Gross Domestic Product）的增速比較，如果連續三年增速高於 GDP，說明這個市場屬於增量市場，如果連續三年增速低於 GDP，說明這個市場進入了存量市場；平均利潤率，反應整個行業的獲利水準，展現行業的成熟程度；管道銷售結構，反映傳統管道和網際網路管道銷售的對比情況，反映客戶消費習慣的變化情況。

企業活力表中，產品銷售結構，主要看企業新老產品的銷售占比情況，如果一個企業產品銷售中 40% 以上是 4 年內產品，10% 以上是當年新品，說明產品結構較為合理；客戶結構，主要看新老客戶的增減情況，如果一個企業能夠保持每年 10% 的新客戶遞增，並且老客戶是有計畫的連續不停，說明客戶結構較為穩定；市場結構，主要看新市場的開發情況，如果每年保持 10% 以上的新市場遞增速度，說明市場結構良好；利潤結構，主要看產品的毛利水準，如果高、中、低檔產品毛利水準符合

3：5：2 的基本比例，說明企業的利潤水準良好，產品組合合理；人員結構，主要看核心骨幹的穩定性和人才梯隊的合理性，如果核心骨幹流動性很少，說明人員結構牢固，如果高、中、低階人才的比例符合 1：3：6 的大體比例，說明人才梯隊穩定。

透過行業趨勢表和企業活力表，企業可以完成一個簡單的自測，可以評價出企業獲利能力、獲利方式、活力水準情況，查詢在哪些地方存在問題或者說在哪些方面失去優勢。

(3) 企業是否具備未來持續成功的條件？

我們要定義未來，需要審視一下我們自身哪些方面與未來的成功具有匹配性，比如在人才梯隊、資金累積、決策團隊、企業文化和品牌影響力等方面，是否具備優勢或足夠的實力，是否具備為未來持續走向成功提供必要的保障。

「企業過去是如何成功的」與「企業目前面臨哪些挑戰」進行組合分析，就可以找到企業經營問題的癥結所在，找到過去成功方式失效的原因；「企業目前面臨哪些挑戰」與「企業是否具備未來持續成功的條件」進行組合分析，就可以找到企業轉型變革的方向和要求。

2. 策略設計

策略設計是企業尋求長遠發展的系統規劃，對企業決策團隊的集體智慧是一次重大考驗。如果策略設計出現問題，那麼錯誤的企業設計下的成長會更快地損害公司的價值。

策略設計是一項系統工程，基本邏輯必然是先定性後定量，先總體後個體，先外部後內部，先總後分，先粗後細，先大後小，這些都是基本原則和想法，那麼，如何以簡潔明瞭的思路來指導策略設計呢？透過多年的諮商和管理實踐，我認為，可以將策略設計分為具有嚴密內在邏輯的五個步驟，用五道題來描述，即判斷題、應用題、選擇題、計算題和填空題。

(1) 判斷題：對外部世界趨勢和機會進行把握

判斷題的核心是對外部的趨勢做出前瞻性判斷和對市場機會做出合理研判。判斷題是企業決策團隊在進行策略設計時，要做的第一件事，只有找到趨勢和機會，才能夠為企業營運提供方向。在此，拋磚引玉地提出自己的一些看法。

對於趨勢的判斷，原有的一些策略諮商工具，比如 PEST 的工具依然有效，即對政治、經濟、社會、技術的總體分析與判斷，來澄清政府的政策導向、經濟發展的趨勢、社會變革的節奏以及技術發展的水準等等，對於產業和行業的影響，繼而推斷對於需求和競爭的可能變化。趨勢的判斷至關重要，沒有人能夠與趨勢為敵，很多企業很努力，但是收效甚微，很可能就是這些企業不在趨勢裡。趨勢的判斷，不但要有行業視野，還要有產業視野；不但要有區域視野，還要有全球視野。要全方位對影響到自身的不可控因素進行較為全面的分析和判斷，這個需要專門的專業部門來完成，而不是參加各種會議的道聽塗說。

對機會的判斷，主要圍繞對於視野範圍內的行業或者產業的發展潛力進行判斷，判斷的方法，需要我們進行重新思考，在管理諮商界較為流行的 BCG 矩陣或者 GE 矩陣可能會失效，原因是該工具主要是獨立的為現有的業務進行發展機會和潛力判斷，在崇尚多元多重結構組織的商業模式下，業務組合可能會更有意義，而不是單一業務單獨分析。那麼，該如何分析呢？核心是圍繞外部的市場和客戶來做分析，而不是圍繞現有業務開展分析，分為兩步。

第一步，就是在視野範圍內，按照規模和增速兩個指標來評判某個行業，如規模巨大的市場和增速較快的市場，始終是比較有吸引力的，比如在手機、服裝、汽車等領域，永遠不缺乏新聞，可謂是成功者與沒落者此起彼伏，原因很簡單，大市場孕育大機會，大機會觸發大能量，正如當年本田從摩托車領域進軍汽車領域，很多專家學者不看好，但是本田內部的想法就很簡單，這麼大的市場，僅有那麼幾家企業（福特、通用、凱迪拉克等）所霸占，如果能夠進入，就可以分到很大一杯羹，記得本田和豐田這些日本企業的成功，重新整理傳統策略的思路，另外就是，增速很快的市場，比如網際網路行業，可謂是機會叢生，變化多端。將「規模」和「增速」兩個指標進行組合，其實可以形成四個象限的市場，分別是策略市場（大規模－高增速）、挖潛市場（大規模－低增速）、新興市場（小規模－高增速）、觀察市場（小規模－低增速）；

第二步，「十字」擴張法建構產業網路地圖，規模和增速組合判斷市場的可能性，技術和市場進行組合評判可行性，判斷其是機會還是陷阱。主要是圍繞技術維度，對於自身能力與外部機會之間進行比對，是否具備進軍的能力和實力。比如，一家成立於 2003 年的變頻器生產製造企業，目前業務已經發展至五大事業集群 60 多個行業線，2015 年成立了拓展部，目的是不斷擴展技術的應用空間，透過現有技術和市場兩個維度，動態擴張市場空間，透過現有客戶的新技術需求，培育新業務，透過技術的市場應用，開拓新市場。技術和市場的互動過程中實現業務版圖的持續擴張，未來計劃建設 300 條產品線。

(2) 應用題：對接機會找準企業核心經營命題

做完判斷題後，趨勢和機會已經基本上釐清了，那麼接下來就進入應用題環節，即如何讓組織與外部進行連接。應用題就是要找到經營的核心命題或主線，這是牽一髮而動全身的策略性思考。對企業經營命題的把握，不在於問題的彙總，或表象的羅列，而在於能否透過事物表象，找到制約企業發展的深層原因，找出造成企業困境的關鍵影響因素。不如此，則難以有效累積內部系統各方面的持續努力，無法從根本上解決企業問題，陷入「頭痛醫頭，腳痛醫腳」的片面與渙散狀態。

如何解答這道應用題呢？首先，要有商業模式設計的思路，明確企業在整個價值創造系統中的角色和定位，以及創造何種價值，這個必須先說清楚，企業是一個製造商，還是服務商還是整合商，直接決定了企業為整個價值創造系統提供何種貢獻，貢獻決定企業是誰。其次，要有營運思維，明確企業以何種方式創造價值，是透過產品還是服務或者是解決方案為客戶創造價值，直接決定了企業調動資源的方式方法，換句話說決定了企業的營運模式。最後，要有組織思維，明確由誰來創造價值，是個人創造、團隊創造還是組織系統創造，直接決定了整個組織的架構和管理制度的制定，換句話說，決定了企業的管理模式。例如，某軸承製造企業，產能過剩、人才流失、利潤微薄、管理混亂等國內製造型企業目前面臨的普遍問題，該企業也不例外，企業決策團隊透過分析研判，市場需求正在從標準產品向訂製產品，標準產品產能過剩，而訂製產品市場缺口依然很大。為此，企業確定的轉型方向，圍繞訂製化產品作為企業經營的核心主線，標準化產品作為短期現金流的必要保證，確立了以訂製化產品為主、標準化產品為輔的經營理念，從製造商向服務商轉型，價值創造方式從管道型銷售向專案型銷售轉變，組織模式轉變為「平臺＋團隊」的運作方式，總部建設成為資源保障與管控平臺，組織從製造為核心，向「研－產－銷」虛擬專案團隊為核心的價值創造方式轉變。

做完應用題，至少要得出兩個關鍵內容，第一，企業是誰？這是企業自我重新定義的過程，這決定了企業一系列轉型的根本；第二，在哪些方面「折騰」，即企業的關鍵成功要素是什麼，企業要在哪些地方形成競爭優勢，在哪些地方努力才會得出更好的結果，這決定了資源投入的方向和基本原則。

(3) 選擇題：在多個可選方案中選擇滿意方案

選擇大於努力，現在的選擇決定未來三到五年的局面，選擇決定成敗，正確的選擇意味著成功了一半。求於勢而不擇與人，做好選擇，善於布局，才能鼓舞士氣。要知道對於組織士氣打擊最大的就是走錯路或者走回頭路，而鼓舞士氣最好的方式就是打勝仗。

在商業的世界裡，最佳解是不存在的，企業家（或決策團隊）應該在多個可供選擇的方案中選擇滿意方案，這是展現企業家智慧的地方，企業家要根據企業內部的不同利益團隊的力量，企業人員的能力以及企業文化的承受程度等，綜合平衡和全面考慮後，充分把握結構和節奏，做到張弛有度。選擇題是企業家無法取代的地方，也是展現企業家權威和領導力的地方，選擇哪個方向，走哪條路，選擇哪個行業，選擇哪個主導產品，哪種主導策略，哪種營運模式，做幾件關鍵的事情，是不容含糊的，也是要審慎思考的，這個要充分結合策略反思中對自身實力的理解以及對於自身產品特點的把握。

如果你是大品牌，你有資金優勢、品牌優勢，你的選擇會多很多，但是如果你是小品牌，資金缺乏、組織能力有限，試水的節奏要把握好，很多品牌，成長初期靠的就是採用深度分銷模式，實施區域滾動，透過建立利基，形成成熟模式，然後再複製，這樣在可以在相當程度上規避風險。

在我服務的企業中，一家 LED 顯示器企業讓我記憶猶新。時值 2012 年，這是當時 LED 顯示器行業尚處於蓬勃發展階段，年成長率在 30% 以上，LED 顯示器行業的產品類型大體分為單雙色和全彩，我們看到很多小店門前或者銀行門前掛的那種可以顯示促銷資訊的紅色 LED 顯示器就是單雙色的一種，那種在廣場上可以看電影或者看影片的大螢幕就是全彩螢幕。單雙色技術含量比較低，結構也比較簡單，全彩螢幕技術水準相對較高一點，代表未來的主流方向。另外，透過分析發現，由於單雙色產品的市場應用情況更適合於通路銷售，而全彩產品更適合於工程銷售，該企業的老闆，做出了目前看起來非常明智的選擇，以單雙色產品為主力，快速占領市場，透過業績提升網羅人才，透過大量的技術和工程人才的引進，將全彩產品進行標準化，並透過通路的力量來滲透工程市場，繼而實現走向未來，當年該企業的銷售額在 10 億左右，截至 2016 年底，該公司的銷售額已達 100 億，成長之快讓人驚訝，可見，路徑選擇有多重要。

(4) 計算題：把目標達成與資源配置關係理清

企業關於投入產出的決策不是拍腦袋拍出來的，而是要透過數據分析得出來，數據化決策已經成為企業精細化管理的基礎要求。企業在選定路徑之後，如何實現目標，目標如何分解，利潤空間，盈虧平衡點在哪等等，如果沒有一個數據化分析，那麼決策就會茫然，花多少錢，辦多少事，賺多少錢，這些要有個起碼的數據支撐，要有本清楚明白的帳。

計算題要做的就是把目標達成與資源配置之間關係理清楚，計算題的結論，一定要能夠為填空題指明方向，換句話說，透過計算題的結論就應該告訴企業以什麼方式，在什麼時間，投入什麼資源，做什麼事情。所以說，如何計算很重要，我們要說的計算題不是簡單的數字累加，要的是計算背後的邏輯，這種邏輯是經營的邏輯。

在我看來企業經營的邏輯存在著這樣一種關係，即客戶價值背後隱含的是產品的價格，產品價格背後隱含的是產品的成本，產品成本背後隱含的是組織效率，組織效率背後隱含的是資源的整合方式。其中，價格和成本是兩個比較顯性的，是比較直觀的，在分析和計算這兩個顯性要素，形成了兩種截然不同的思路，一種是「成本決定價格」，一種是「價格決定成本」。

・「成本決定價格」

「成本決定價格」，是屬於正向推演，是在假定以現有的組織效率和資源整合方式來提供客戶價值，這種思路的基本做法是：產品的成本如何，在成本不變的情況下，要找企業目標毛利率水準，再確定市場上的售價應該是多少，至於按照這種價格市場的銷量如何，誰也不知道，按照這種邏輯，企業的策略選擇往往很有限，比如，為了降低產品成本就擴大生產規模，透過規模效應來降低成本或者是抬高與供應商議價能力獲得成本的降低，或者是降低毛利率來降低價格以應對競爭對手的價格衝擊，或者是追加行銷費用，如市場推廣和品牌宣傳，透過加大晃動力度，來推動市場銷量提升。

「成本決定價格」是一種以自我為中心的思考方式，很多企業在大談客戶價值和客戶導向時，在營運上卻是按照「成本決定價格」來執行的，必然造成企業家的想法和企業的做法產生本質的衝突，隨後的營運策略也會造成一系列副作用，以目標分解為例，公司年度目標值怎麼來的說不清楚，但是至上而下的分解過程卻是有板有眼，深入了解後，無非是競爭較量的過程，所謂的按照產品線、管道、專案和區域等指標分解只是形式而已，這也成了很多企業管理上的一個痛點，每年的指標分解是管理階層最頭疼的事情。

- 「價格決定成本」

「價格決定成本」，屬於逆向推演，以客戶價值來探尋組織效率和資源整合方式的優化。是一種以客戶價值為導向的營運邏輯。「價格決定成本」的邏輯是，透過深度挖掘客戶價值，確定一個極具競爭力的價格，讓客戶尖叫，然後圍繞這個價格，確定合理利潤水準後，確定產品或服務的成本水準，根據成本來優化商業模式，去除掉不合理的環節，繼而打造一個全新的營運模式，這種透過價值最終實現商業模式和組織營運方式的變革，這個與我們在商業模式設計上達成思路的統一和吻合。

「價格決定成本」邏輯是一切商業模式創新的原動力，我們說為什麼很多網路企業勇於顛覆傳統行業，原因就在於網路企業的這筆帳的演算法與傳統企業的帳目演算法是不一樣的，這樣說起來好像很難的樣子，其實不然，只需要沿著這個思路，哪怕做出一點點優化和改變，都可能創造出全新的商業局面。

回歸本源來講，計算題依然是圍繞管理客戶價值來展開的，如果脫離這個核心，計算過程的「合理性」和「合法性」就會受到質疑，因此計算題的兩個方向，一個就是要提高價格，需要做何投入；一個是要降低成本，需要做何優化。

(5) 填空題：進行資源配置的梳理與全面安排

每年年底，很多企業都會邀請我去給他們的年度經營計劃做培訓或者提建議，年度經營計劃可以說是策略設計的體系中填空題的重要表現形式之一。

填空題是策略設計的最後一環，為策略實施和最終落地提供綱領和方向的。填空題要做的內容包含組織架構的設計，關鍵人員的安排以及策略舉措下具體專案計畫的安排和資源保障措施等，集中表現在什麼時間，做什麼事情，誰來做，怎麼做，如何評價，是關於資源投入安排的具體操作安排，資源安排在時間維度上的先後順序以及邏輯關係。填空題對接的主要是各個職能板塊或部門的策略規劃內容，換句話說，從公司層面做完填空題，各個職能部門的職能策略就會很清晰，如果沒有這一環，公司的經營策略和業務策略依然飄在空中，沒有人能夠接得住。

填空題這一部分內容如果要細分起來實在是太多了，不過在策略層面的填空題，一定把握大方向、大原則和大結構，具體的操作可以在策略實施環節進行細化。

透過對策略設計五個步驟五道題的分析，我們可以看出，能否解決好這五道題，直接決定了企業策略設計能否真正成功，在做策略設計的過程中，一定要把握好五道題的順序，否則可能會本末倒置，順序不對，可能功夫白費。當然策略設計的五道題最終檢驗標準是策略是否可行、可操作，而不是流程在形式上是否走完。

策略設計很重要，更重要的是策略設計的操作者，在進行策略設計的過程，誰來做什麼題需要弄清楚了。很多企業，在遇到策略問題，聘請策略諮商公司的專家顧問，這是借力的一種很好的方法，但是，千萬別把所有的希望寄託在諮商專家身上，我見到太多企業將策略設計的整套方案交給諮商公司，最後結果，就是諮商公司很痛苦，公司看著諮商公司出具的「專業方案」很完美，但是操作中會存在各式各樣的問題，要知道諮商公司強大之處就在於「判斷題」和「應用題」的解答能力，這兩個方面，諮商公司累積了大量案例、數據和模型，能夠很好的應對這類問題，而其之後問題的解答上往往是乏力的，諮商公司難以越俎代庖，替企業家完成「選擇題」、「計算題」和「填空題」，明智的企業老闆，應該在選擇諮商公司時，聚焦在前兩道題，後三道題牽扯太多內部的利益糾葛，需要企業家的智慧和決斷，外腦在這方面只適合提供建議和參考，既沒有能力也沒有權力干預過多，很現實。最為理想的做法，我認為是這樣的，判斷題由專業的策略部門或外腦來主導，核心決策團隊評審；應用題由專業的策略部門或外腦來主導，核心決策團隊參與探討；選擇題由核心決策團隊主導，外腦協助，各個職能板塊負責人參與；計算題由核心決策團隊主導，經營管理部門（或具有統籌管理能力的部門）操作執行，相關部門參與討論；填空題由經營管理部門（或具有統籌管理能力的部門）主導，各個職能部門參與，核心決策團隊在關鍵環節參與。

3. 策略實施

策略實施是策略思考三部曲的最後一段路，是承接策略設計，落地策略思想的關鍵。策略思考的過程強調謀定而後動，然而，考慮再全面也有不足之處，因此，策略實施過程，也是進行策略設計微調的過程，可謂知行合一，在設計中考慮實施，在實施中修訂設計。

策略設計和策略實施是辯證統一的，如果策略設計不科學不合理，策略實施得再好，可能都是在錯誤的道路上奔跑，可能會是加速錯誤的選擇，同樣，再好再美的策略設計，如果沒有有效的策略實施，也只是僅供觀賞而已，並沒有實際的商業價值。

策略實施從來都不簡單，要直對人性的複雜和人心的多變，策略實施真正能夠落實到位，需要企業有強大的執行力作為保證。說起執行力，很多企業老闆容易將執行力孤立地看待，認為執行力就是員工的動力問題，透過執行力方面的培訓對員工洗腦，很快會發現，培訓師宣貫的「心靈雞湯」可謂句句在理，員工聽課也是熱情澎湃，不過，三分鐘熱度，沒過幾天員工又會恢復到以前的狀態，原因在於這種透過外部施加的影響力所帶來的短暫動力，是無源之水、無本之末。企業需要的執行力應當是有組織的執行力。

要想真正執行好策略實施，需要理解執行力的三要素：方向、標準和保障。方向即策略方向是否清晰，不切實際的或者不被認可的方案，便難以達成共識，因此策略設計過程的參與度和共識度至關重要；執行標準是否嚴謹，該做什麼，做成什麼樣子，對誰負責，盡量少用或者不用諸如「世界一流」、「優秀」、「卓越」、「努力做好」等等詞彙，標準必須要目標清晰，結果量化，在執行標準上沒有太多可以討論或者說存在著含糊不清的地方，簡單一些，但是必須很嚴謹；保障措施是否到位，做成公司想要的樣子，能夠得到什麼獎勵，獲得什麼回報等，如果做不成公司想要的樣子，會得到什麼懲罰，會有什麼樣的後果等，獎懲清晰、得失明確，那麼剩下來就是給予員工支持，關注員工表現即可。做好這三要素，再來談執行力，否則，執行力無從談起，這三要素是企業管理階層要首先完成的，很多企業這三點沒做好，就強制要求員工做好，要求員工執行力，這種做法是不可取的。

如果說，策略反思考驗的是企業家的逆境商數（adversity quotient, AQ），能夠具備置於逆境而後生的勇氣；策略設計考驗的是核心管理團隊的智商，能夠具備一針見血抓住要領，系統規劃擅長布局的能力，那麼，策略實施應該是考驗執行團隊的情商，在複雜的人際關係中遊刃有餘、張弛有度。因此，策略實施一定要選擇一個樂於溝通、善於溝通的團隊，善於把握人心變化，在原則和要求不變的情況下，推動事情往積極的方面發展。

以客戶價值為核心的策略轉型

1. 以客戶需求洞穿企業經營

「執一不失，能君萬物」——《管子》，這一觀點同樣適用於企業經營。「站在客戶立場看企業」是企業經營之道的主線，客戶需求是企業經營系統的原點，應以客戶需求來指引企業經營，否則，看起來再完善的營運系統都是虛構的，再漂亮的商業模式都是空洞的。

簡單來說，企業經營過程就是客戶價值創造過程。在當前的商業環境下，企業經營需要回答以下若干問題。

(1) 企業經營的核心是什麼？

企業作為營利性機構，實現經營業績提升和利潤成長是企業家永遠無法迴避的話題。是不是追求業績提升和利潤成長是企業經營的核心呢？可以肯定地說，不是的。業績提升和利潤成長不過是市場認可後的一種表現，從財務上來說，企業的投資報酬和投入產出，講的都是投入和回報之間的關係，但是對於企業經營來說，投入和回報之間，有一個至關重要的環節 —— 市場。市場認可了、客戶接受了，才會有收入或者說合理的收入。

企業存在就是要解決問題的，這是共識。但是企業解決什麼問題呢？這個問題提問專業經理人，受到某種特定環境的約束（競爭壓力、庫存壓力等），十有八九都是將如何將產品銷售出去，如何布局通路，如何制定銷售策略，如何打通客戶關係，目的就只有一個，把產品銷售出去，把錢拿回來。如果按照這個邏輯打不通經營，很多時候，外部的市場問題就會轉變成內部的管理問題、協同問題，部門之間相互推諉，說不清楚。其實在企業經營中看到的很多問題，只是問題的表象，而非本質，本質往往只有一個，那就是企業經營的核心應當是幫助客戶解決問題，而非其他。

身為在工業品行銷方面擔任企業總經理多年，我始終對企業和團隊灌輸這樣的理念：我們經營的核心是推進客戶的商業程式，要始終關注客戶經營績效的提升，而產品作為這種理念的載體，必須要根據客戶的需要和問題的情況，快速地做出修改和調整。然而，這個說起來容易，做起來確實困難，內部常年累積的管理矛盾和行銷人員長期形成的關係行銷套路，是難以轉變的，但是我們還是要清楚地看到，幫助客戶解決問題才是企業經營的核心，是企業生存和發展的大趨勢，是主流。

(2) 企業的經營策略如何制定？

在市場上競爭是殘酷的，在很多程度上左右著企業的經營策略制定，瞄準競爭對手的弱點，打壓競爭對手的生存空間，建立自己的根據地，這是目前普遍的經營策略思路，競爭優勢更多來自於同一領域、相似策略的絞殺，殺敵一千，自損八百，「剩者為王」。這種同質競爭中疲兵耗戰，企業經營利潤始終處於薄利經營的尷尬境地。這種經營策略和想法的人，不是缺乏執行力，往往是犯了方向性錯誤。

承接企業經營核心的話題，我們就不難看出，企業經營策略應該圍繞著客戶來做文章，幫助客戶成長，提升客戶的競爭優勢（工業品）或客戶的生活品質（消費品）。

對於工業品來說，就是要走進客戶價值鏈，找到客戶經營的關鍵成功要素，並圍繞客戶關鍵成功要素上提供服務，創造價值。2013 年某家企業成立工業服務公司，該公司從賣產品轉向賣服務，不只是銷售機床，而是提供從設計到建設整條生產線的解決方案。該公司嘗試以租代賣的形式銷售機床，使用者先付 10% 到 20% 的保證金，之後以每小時 125 到 150 元費用購買這臺機床使用費，不開機不付費，這種被成為「權益定價法」的定價方式，既解決了客戶採購成本壓力，同時建立其長期的合作關係，為持續創新客戶服務方式提供入口。利樂包與某家銷售優質乳製品的企業的策略合作關係，也有類似的經營策略，利樂包從該公司的產線規劃、策略制定、行銷策略、組織架構等全方位的為其提供服務和支持，免費提供大量的生產裝置，幫助該公司快速做大，然後從中持續獲益。

對於消費品，就是要走進客戶生活方式，找到客戶生活中的痛點和癢點，創新產品和服務，深化與客戶關係。某家童鞋公司，深度挖掘家長內心的訴求，透過將童鞋內建「防走失」定位器，家長可以透過手機APP，隨時隨地查到孩子所在位置，透過 APP 的大數據分析，走進使用者的生活方式，有針對性的提供增值服務，實現持續盈利。

角度不同會帶來思路的大不同，正如我的一個做行銷諮商的朋友向我訴苦，諮商越來越難做，究其原因，就是站在自我專業角度的產品思考，而非站在客戶角度的價值思考。如果站在客戶角度，我們就可以看出，客戶的問題已經從單一的專業範本（短板）提升向整體系統方案提升轉型，是頂層設計的需求，而不是某個專業模組的需求，那麼，圍繞頂層設計的系統方案制定和落實體系才是企業經營策略的主題。

(3) 企業的對手到底是誰？

這個問題如果放在二十年前，可能不會引起多大的爭議。按照麥可．波特的五力模型中提出的觀點，競爭對手大體上分為三類，分別是提供同類產品或服務的企業、提供替代產品或服務的企業還有就是潛在的進入者。如果要問企業家，他們的競爭對手是誰？回答很明確，主要是圍繞提供同類型產品或服務的企業，會列舉出其所在行業的若干企業名稱，而且還可以列出主要競爭對手和次要競爭對手。然而，在網際網路時代，這種回答可能就會存在問題，對於一家傳統製造型企業來說，打敗你的不是，有形的同業競爭者，可能是跨界打劫的網路企業，也可能是其他。這樣說，競爭對手如此虛無縹緲，是不是就沒辦法準確地找到競爭對手了呢？其實不然，何為競爭對手，就是打敗自己的一種力量，在我看來，競爭對手既不是有形的同業競爭者，也不是跨界打劫的網路企業，而是客戶不斷變化的需求，是企業為客戶解決問題、創造價值的能力。

沒錯，企業真正的競爭對手就是自身解決問題的能力。要想立於不敗之地，就必須要不斷提升自身解決問題的能力。從這個角度來看，要解決客戶問題，為客戶提供解決方案，原有的同業競爭對手可能變為自己的合作夥伴，氣勢洶洶、跨界打劫的網路企業可能成為自己的助推器。

(4) 企業的客戶到底是誰？

客戶是一個很廣泛的概念，在傳統商業詞彙中，客戶是使用企業產品，並提供報酬的主體。但是在網際網路時代，客戶的概念在很多時候被使用者取代，付費的往往不是使用者。因此，說清楚客戶到底是誰，對於企業思考經營很重要。

對於工業品生產企業來說，如果從產品交易的角度來看，企業的客戶是明確的，其下游的企業，更準確的說是客戶的採購部門，但是如果從幫助客戶解決問題的角度來思考，企業的客戶就可能是下游企業的所有部門，另外客戶範疇還會延伸到客戶的客戶，以至於要考慮到最終的消費者。對於消費品生產企業來說，以遊樂園和童裝市場最具代表性，企業的客戶不但是孩子，還有孩子的家長，甚至是孩子的老師。

因此，我們在定義客戶時，一定從使用者、決策者和影響者等多個方面來給予定義，才能更精準，策略也會更加靈活多變。

(5) 企業的價值該如何創造？

以客戶需求來思考企業，透過貢獻來明確企業存在的價值。價值創造的形式大體上有三種，一種是推式，即透過設計或研發部門的努力，依靠技術的先進性驅動市場；一種是拉式，即透過市場或業務部門的努力，根據市場客戶的回饋更新產品，屬於市場驅動；一種是推拉結合，雙驅模式，即透過行銷和研發的高效互動，保持技術領先性的同時，緊貼客戶需求。

每種模式都具有優缺點，對於推式模式來說，如果成功往往是顛覆性的，但是由於前期巨大的投入和不確定性，對企業現金流是極大的考驗，那些有志於在技術上顛覆行業的企業家來說，只要是資金條件具備，可以一試。對於拉式模式來說，成功的難度不大，也會贏得很好的市場口碑，維持良好的現金流。但是如何一味的迎合客戶，可能會進入另一種極端，產品只具備戰術性價值，而不具備策略性價值，一旦產品進入產品生命週期的 S 形曲線的成熟期後，極有可能成長放緩、後繼乏力。對於推拉結合的模式來說，其均衡性是比較好的，既照顧到目前客戶的技術需要，又保證技術上專業領先性，但是這種模式對於企業內部的協同要求較高，橫向協同尤其是研銷協同，跨專業、跨部門和跨團隊文化的協同是企業必須要上的一門課。

2. 以客戶價值看破市場競爭

但凡成功的企業，都可以在客戶價值上找到理論依據，但凡失敗的企業，大多在客戶價值上迷失了方向。那麼，什麼是客戶價值？如果你是正序閱讀本書，請你先暫停一下，思考一下你所理解的客戶價值，並在紙上寫下你的看法，然後再繼續閱讀，讓我們來一次互動一起探討一下客戶價值是什麼，以及如何從客戶價值的角度審視市場競爭。

(1) 什麼是客戶價值

價格競爭是常態，價值思考才有出路。那麼什麼是價值，什麼又是客戶價值呢？「價值」在經濟學理論中，是一個效用概念，通俗地講，就是花這個「價錢」值不值的問題，本質上是一種心理感受和認知。客戶價值不能簡單的望文生義，即為目標客戶提供價值，這樣的理解沒有任何知道意義，而是需要進一步深挖客戶價值的內涵。客戶價值在管理學界存在兩種觀點，分別是「加減法思維」和「乘除法思維」。

「加減法思維」認為客戶價值大致由關係價值、產品價值、服務價值、榜樣價值、技術價值和形象價值等六大部分足證，決定客戶購買的不是客戶價值，而是客戶讓渡價值，即「客戶讓渡價值＝客戶價值－客戶成本」，其中客戶成本包含貨幣成本、時間成本、選擇成本、生產成本和增值成本等。然而，這種「加減法思維」在實際應用中並不理想，原因在於客戶價值大多屬於定性指標，難以量化，而客戶成本則是一個較為容易量化的值，這樣得出來的客戶讓渡價值難以在不同廠商之間做出比較，沒有比較，難以說明優勢，容易將競爭優勢的分析陷入一種混沌模糊的狀態。

「乘除法思維」由行銷教父菲利普．科特勒提出，他認為客戶價值簡單地說就是客戶所得與所付出之比。本人根據多年的實踐經驗認為，客戶價值展現為綜合價值效用與總成本的比值。客戶價值可以描述為「客戶價值＝綜合效用／總成本」，並且，綜合效用包含功能價值、情感價值和經濟價值三個方面。即「綜合效用＝功能效用（X%）＋心理效用（Y%）＋經濟效用（Z%）」，其中，X% ＋ Y% ＋ Z% ＝ 100%。乘除法思維聚焦的重點不在產品，而是以專案或系統解決方案角度來審視，強調透過企業行銷增值服務為客戶提供更優的效價比，而非性價比。

功能價值主要是展現在產品層面，比如產品的技術先進性、功能穩定性和系統匹配性等；情感價值展現在服務方面，比如產品全生命週期的服務、圍繞特殊使用工況和使用習慣的設計、提供經營管理方面的增值服務、客戶服務介面和客戶採購過程中的體驗等；經濟價值主要展現在財務指標方面，比如效率更高、能耗更低、市占率增加、盈利能力增強等。透過客戶價值的「乘除法思維」，可以很好的為企業內部相關職能部門的績效改善提供指引，要想為客戶提供獨特價值，對於研發部門來說，產品的技術效能是不是超越競爭對手，產品的穩定性是不是超越競爭對手，產品在設計過程中與客戶其他系統之間匹配性是不是更好，在設計上是否考慮到客戶特殊的使用條件等；對於行銷部門來說，在客戶採購決定之前是否對客戶需求有足夠的了解，客戶採購過程中是否提供了更有針對性的解決方案和更舒適的採購體驗，在客戶採購後是否有持續的服務和保障支持等；對於管理部門來說，是否設計了更為高效的流程和模式來降低產品或服務的總成本，客戶響應體系是否優於競爭對手等。

能夠將「乘除法思維」的價值理論應用最好的案例，個人認為應屬名創優品（MINISO），名創優品是一家銷售小商品（唇膏、墨鏡、彩筆、項鍊飾品等等近 3,000 種商品）的百貨店，名創優品以低廉的價格，優質新穎的產品以及舒適的採購環境，贏得年輕女孩子的歡心。在網際網路衝擊下，傳統管道全面潰敗的當下，名創優品從 2013 年起，在全球開出 1,100 多家門市，實現了逆勢成長。原因何在？名創優品的成功在於「三高一低」，即高品質、高差異、高體驗和低價格。高品質展現在名創優品透過全球優質供應商，透過縮短帳期進行利益捆綁，實現與優質供應商的深度合作，保證產品品質；高差異展現在與日本設計團隊的合作，保證產品樣式的獨一無二；高體驗展現在舒適的店面環境；低價格主要展現在商品直採的議價能力以及高效周轉的供應鏈管理體系。擁有客戶價值思維的企業，會在競爭中不斷更新你的營運模式，比如，在終端零售方面，簡單追求品牌和產品宣傳的零售 1.0 時代，會逐漸向去品牌化轉變，轉向場景化，購物語言、環境視覺和社交技能等全面提升的零售 2.0 時代，讓消費者從買產品向享受購物，這就是以客戶價值為核心帶來的變化。

(2) 競爭優勢是什麼

需求和競爭正如硬幣的正反面，哪裡有需求哪裡就有競爭，只是競爭的強弱程度不同而已，競爭弱的領域是藍海，而競爭強的領域是紅海，並且藍海也會不斷變成紅海。企業要想贏，就要有獨特的競爭優勢，這也是市場選擇和客戶認可的結果。客戶為什麼要選擇你的產品或服務，而不選擇競爭對手的呢？源自於企業所創造的獨特的客戶價值。因此，在思考競爭優勢時，需要從三角關係出發，即客戶、企業和競爭對手。

管理學者喬爾．厄爾班尼 (Joel Urbany) 和詹姆斯．戴維斯 (James H. Davis) 設計了一個既能聰明使用又簡單的工具幫助實施這種評估，稱為「三圓分析」(three-circle analysis)。第一個圓：最重要的客戶或者客戶區隔需要或希望從產品或服務中得到什麼。厄爾班尼和戴維斯注意到，即使在最成熟的行業裡，顧客也不會在與公司的對話中清楚表達自己的所有需求。因此，在對競爭優勢進行初級階段的分析時，顧客沒有表達出來的需求可能經常成為成長機遇；第二個圓：客戶如何認知公司提供的產品或服務。第一個圓和第二個圓的重疊程度表明公司提供的產品或服務在多大程度上滿足了客戶的需求；第三個圓：客戶如何認知公司的競爭對手提供的產品或服務。第一個圓和第二個圓的重疊程度表明競爭對手提供的產品或服務在多大程度上滿足了客戶的需求。

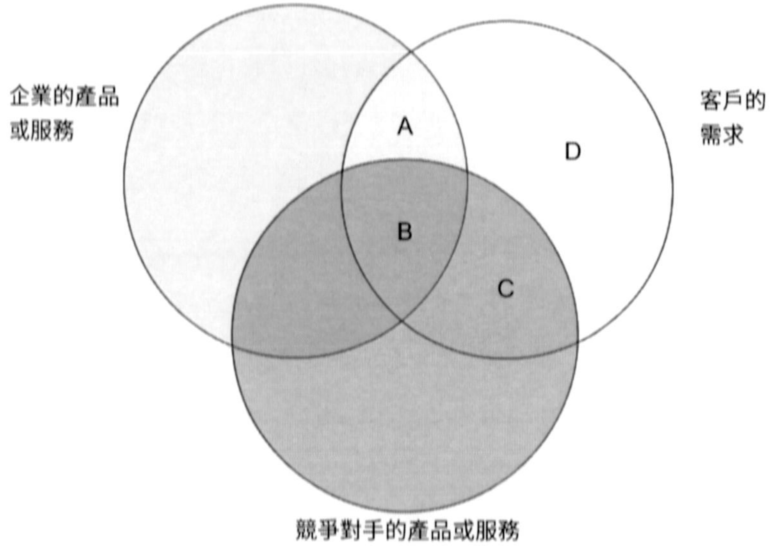

- A ＋ B 區域：我們有效的客戶價值區域
- B ＋ C 區域：競爭對手有效的客戶價值區域
- A 區域：我們的差異在哪裡
- B 區域：我們與競爭對手的相同之處
- C 區域：競爭對手的差異在哪裡
- D 區域：客戶尚未被滿足的區域

傑克．威爾許在《贏》（*Winning*）一書中認為，要制定有效的競爭策略，必須對競爭對手的一舉一動準確把握，就像坐在競爭對手會議桌旁那樣。這個觀點聽起來很有道理，但是說起來容易，做起來卻困難重重，甚至於在操作中要違背商業道德，也未必得到真實的情況。如果我們換一個角度思考，或許就會沒那麼麻煩，又能實現目的。

競爭對手本質上是企業自身解決問題的能力，在上述圖示中可以表示為「D ＋ C 區域」的問題。因此，企業在思考競爭優勢的時候，應當以需求為主線，競爭為輔線，而不是咬著競爭對手不放，結合客戶價值來思考市場競爭和競爭優勢，競爭優勢就是要保持客戶綜合效用與總成本的比值大於競爭對手的這一數值。所以，要時刻關注競爭對手在效用和成本方面的策略性舉措，主要包括三方面內容：1. 技術創新，是否存在著透過技術創新改變產品的功能和結構，帶來客戶體驗的根本性改變；2. 商業模式創新，是否存在著透過商業模式創新改變客戶體驗的方式和經濟感知的轉變；3. 營運模式創新，是否存在著透過營運模式創新極大提升效率降低成本，帶來價格的大幅度下降。如果競爭對手沒有透過技術創新、商業模式創新和營運模式的創新帶來的客戶價值的改變，只是降價衝擊市場並不可怕，因為這種所謂的「客戶價值」具有不可持續性，理性的客戶也會認識到真相。

策略轉型更新的五大方向

策略轉型更新，必須要記住一點，就是轉型不是轉行，更新但不要跳級。每個行業潛力都是無限的，只要我們換一種思維、換一個角度去思考，用網際網路思維去看待傳統行業，大有可為。另外更新，不是跳級，不要急於彎道超車，要立足企業或行業發展的成熟度，快慢結合，張弛有度。

1. 從低階品牌向高階品牌轉型

隨著中產階級和七年級八年級年輕一代的崛起，正如前文所說的那樣，消費主流正在向精品主義、極簡主義和個性主義轉變，不是精品，不是他們想要的，他們不會掏腰包的，消費這類低階的產品帶不來任何樂趣，可以說，低階品牌是沒有未來的，更加貼近消費者的高階品牌才是未來的主流。消費者的這一變化直接或間接的影響著整個商業世界的變化趨勢，也是大趨勢。

對於經營低階品牌的企業家來說，迫於現實的經營壓力，一隻腳深深地踩在現實的泥潭中，另一隻腳一定要堅定地邁向未來，向高階品牌挺進，如果停滯不前，只能是深陷泥潭，淪為歷史的棄兒。低階品牌的低附加值會拖垮企業的整體經營體系，尤其是製造型企業，內部成本的不斷高漲，你不進則必然後退，即使你把規模做得很大，企業的造血功能也是薄弱的，很多企業，在我看來就是身大氣虛，渾身贅肉，經不起風吹雨打。

當然，向高階品牌挺進，不是簡單的口號，是要持續投入，不斷追加投入的，尤其是在產品的研發方面，以技術創新為重，走高階路線的企業，在研發上的投入都保持在營收 8% 以上的水準，反觀某些大中型企業，研發投入普遍不足 1%，而國外則是 3% 到 5%，據相關資料顯示，研發投入低於 1%，為創新嚴重落後，1% 到 3% 之間的，為創新一般，3% 到 5% 之間的，為創新能力較強，5% 以上的為創新力極強，可以看出，大多數企業還在走低階化路線，靠賣一般商品維生。

高階品牌就要做到高附加值，賺的是有錢人的錢，要想賺有錢人的錢，就得有更高的客戶價值體驗，企業無論從產品效能上、客戶服務介面上還是客戶採購體驗上等等多方面要下足功夫，這與「客戶價值洞穿市場競爭」章節的內容上尋找突破，找準自己的價值創新點。

2. 從產品經營向服務經營轉型

辛辛那提大學特聘教授、工業 4.0 問題專家李傑（Jay Lee）告訴記者一個形象比喻：產品的價值就像蛋黃，由此衍生出的服務卻是更大的蛋白。可見的東西價值是有限的，不可見的價值卻是無限的。

對德國 200 家設備製造企業的利潤分別情況調查結果表明，200 家機床生產企業的總銷售額大約 434 億歐元，其中透過新產品設計、製造和銷售環節的銷售額大約占 55%，但是利潤率只有 2.3%，其餘利潤幾乎都來自服務環節，僅備品備件一項所獲得的利潤就與整個產品設計、製造和銷售環節獲得的利潤相當，因此圍繞服務產生的利潤已經遠遠超過了製造產品產生的利潤。

很多企業已經開始認識到服務的價值，也在思索著如何向服務經營轉變，向服務型經營的企業案例非常多。對於網路時代來說，我們要認識到無論是雲端之上的網際網路，還是水面以下的實業，其實無所謂高低之分。只有將網際網路的資金流、技術流、人才流等下沉到各個傳統行業，能夠提供看得見、摸得著的日常服務，這才是未來。

GE 旗下的飛機發動機公司在 2005 年將公司名稱改為「GE 航空」，這代表著業務模式的轉型，原來的發動機公司只做發動機，而改名後的 GE 航空則提供營運維護管理、能力保障、營運優化和財務計劃的整套解決方案，還可以提供安全控制元件、航管控制元件、排程優化、飛航資訊預測等各類服務，有服務帶來的價值空間更大了。

那麼產品經營為主導的企業和服務經營為主導的企業有什麼區別呢？以製造型企業為例，產品經營為主導的企業，產品是主體，服務是衍生品，企業的「貢獻」聚焦在產品的品質、產量和成本管控上，追求的是以自我為中心，而服務經營為主導的企業，服務是主體，產品是載體，企業的「貢獻」聚焦在保障客戶使用和客戶價值，強調以客戶為中心，追求解決方案就是答案。卡特彼勒是全球工程機械行業的領軍者，卡特彼勒在思考企業到底「貢獻」什麼的時候，認識到客戶購買工程裝置是為了賺錢，透過反思，卡特彼勒對自己的定位進行了調整，不再以產品經營為主導，而是向服務經營為主導轉型，保障客戶的持續賺錢的能力才是卡特彼勒的價值所在。類似的案例，還有米其林輪胎，明確自己的價值並不在於生產高品質的輪胎產品（這是基礎），而是要保障客戶使用米其林輪胎過程中的安全、可靠、省油、舒適，因此，米其林進行了轉型，與英國的巴士公司合作，提供持續的保障方案，按照車輛的使用里程，過程中由米其林負責維修和更換輪胎，而不是一次性採購。

服務經營是有層次的，不同企業的服務經營的層次上是有所區別的，服務經營根據服務的範疇不同，分為三個層面：

第一個層面，關注產品本身，基於產品使用的管理和配套。代表企業是奧的斯電梯公司（OTIS），透過 OTIS 電梯遠端電梯維護系統，遠端監控保障產品使用的穩定性。第二個層面，關注使用過程，基於服務深度挖掘的管理。代表企業小松機械，透過康查士系統（KOMTRAX），為客戶提供遠端監控外，在使用過程中提供即時的操作建議以及根據客戶使用過程來優化產品。第三個層面，關於營運過程，基於客戶營運全過程的潛在需求的管理。以問題為導向的解決方案制定能力以及顧問角色來解決客戶問題，團隊人員的能力趨於綜合化，不僅僅是商務方面、還要有技術方面，更要有管理方面的知識體系。代表企業利樂公司，透過專家服務團隊深入客戶價值鏈，共同開發，共同面對市場以及幫助客戶提升管理水準等。

向服務轉型讓 IBM 起死回生。1992 年，IBM 身為全球最大的電腦製造商，帳面上（稅前）竟出現了 90 億美元的赤字。究其原因，既不是因為網際網路的衝擊，也不是作為產品的策略問題，而是由於 IBM 自身過於龐大的組織體系。1993 年 4 月，由於經營不善，公司的元老級人物約翰．埃克斯（John Akers）被免去了總裁職務。為了力挽狂瀾，IBM 跨行拜帥，聘請了路易斯．郭士納（Louis Gerstner）擔任新一任總裁。然而，郭士納上任之後並未將 IBM 解體，而是讓這個龐然大物成了服務型企業。郭士納將 IBM 定位成「為顧客提供解決方案的服務型企業」，並大力推行。一系列新政策誕生，諸如降低大型機等主力商品的價格，藉此贏回市占率；捨棄單純的縱向一體化模式，推行開放式策略，從公司外部採購零部件；以團隊形式向顧客提供綜合性解決方案。透過服務明確了方向，優化了組織，同時將 IBM 打造成為一個開放的平臺。

3. 從低維經營向高維經營轉型

「高維打擊低維」是小說《三體》中提到的一個概念。在市場競爭中，向來都是降維打擊，即高維經營打擊低維經營，而且低維經營毫無還手之力。何為高維經營與低維經營？高低維經營是相對的，如果相對於僅有陸戰（一維），那麼高維經營就是海陸空天（四維）一體化作戰。

對於許多傳統行業來說，來自於網際網路的攻擊勢如破竹，這種攻擊往往不是市占率高低問題，而是生死攸關的問題。傳統行業依然會有市場，但傳統商業思維已經被邊緣化了，傳統商業價值也在逐步萎縮。這就是高維商業模式與低維商業模式的比拚。

低維向高維轉型更新過程中，企業要面臨和處理的問題也會越來越複雜，解決複雜問題是企業未來的必修課，是擺脫不了的，如果想生存下來，就必須要具備更高維度經營的能力。當然，一定將複雜問題簡單化，否則便是模式的失敗和管理的失敗，複雜問題必須先要從商業模式上尋求解決思路，再在策略上尋求實施套路。

4. 從分散經營向聚合經營轉型

分散捕捉機會，凝聚產生力量。分散經營有分散經營的好處，比如說對於外部市場機會的感知會比較強烈，每一個業務單元獨立運作，自主經營就像受到更高的決策權和自由度，但同時，也會帶來治理模式和管控模式的混亂，造成集團旗下的多個業務之間聯合起來比較麻煩，本來是一家子的，但是出於各自利益考慮，在經營上容易產生各自為政的現象。

在我服務的多家企業中，分散經營的類型有多種，按照教科書的觀點叫做相關多元化和不相關多元化，相關多元化的情況就是透過併購整合上下游企業，降低企業之間的交易成本或者透過併購企圖獲取新的競爭力，不相關多元化的情況就是透過投資、併購與原有業務不相關的公司，試圖實現業務延伸，進入新的市場。不論哪種情況，很多都存在著分散經營的情況，比如，以某家醫藥公司，上市以後有了錢了，開始大舉擴張，併購上游醫藥包材和醫療器械等業務領域，由於不同企業文化的衝突，原有業務保持獨立經營、自負盈虧，按照利潤中心實施財務管控，這樣一家從外部看來是一個完善的「縱向一體化」，但是，集團向下轄各個公司屬於典型的分散經營，並沒有根本改變原有交易成本降低的效果，反而為管理增加了難度。身為這家企業的顧問，針對他們的問題，進行分析發現業務與業務之間的內在邏輯關係缺乏一個清晰的結構性關聯關係，屬於一字排開、各自為戰，並且在公司層面缺乏一個統一的模式來統籌多個業務的協同發展。我將該公司的策略地圖分為兩大板塊，一大板塊以大點滴為主，進行通路銷售的產品圈，一大板塊是以腹膜透析液為主，進行終端客戶銷售的產品圈。形成結構清晰且相互獨立的兩大業務集群，相互支持且相互獨立，在品牌商相互呼應。以兩大業務板塊來重構企業的業務架構，實現明確的關聯關係和對應關係，為策略的進一步深化，提供了清晰的藍圖。

整合資源容易，聚合資源難。企業可以整合的資源很多，但是是否能將整合過來的資源發揮出應有的能力，這就是策略的力量。即使你從全球最厲害的公司，聘請最頂級的人才，也不能保證你一定能勝出，要想成功，是需要將這些頂級專家，圍繞公司共同的目標和使命，以共同的價值觀為指引，相互配合協同作戰。在當前的經濟形勢下，如果不能將多種業務有效聚合，資源的無形浪費，市場競爭力建立不起來，那麼，被市場淘汰也只是時間問題。如果連自己內部的多個業務都聚合不起來，談頂級的概念為時尚早。

5. 從大眾產品向利基產品轉型

你要做第一還是要做唯一，這是一個很有意思、也很關鍵的策略選擇。大眾產品和利基產品的策略選擇上，存在著諸多明顯的不同：(1) 大眾產品總在追求第一，精益高效是主題，利基產品一直追逐唯一，創新求變是主題；(2) 大眾產品經營的主線是圍繞競爭，正面對抗與紅海肉搏，利基產品經營的主線是圍繞客戶，另闢蹊徑與出奇制勝；(3) 大眾產品追求廣域覆蓋，灑向人家都是愛，利基產品追求的細分覆蓋，情有獨鍾；(4) 大眾化產品獲利水準有限，以行業平均水準為準，善於薄利多銷，利基產品獲利水準較高，超額回報，擅長厚利經營；(5) 大眾產品的差異化展現在營運效率上，修練內功為上，功能組合和執行力是關鍵，利基產品的差異化展現在客戶價值上，修練外功為上，客戶價值解讀是關鍵。

對於大眾產品來說，無論是在總體市場占比還是區域市場占比，如果你做不到第一，你會始終被牽著鼻子走，很難掌握競爭的主導權，大眾產品是一片令人痛苦的紅海，競爭殘酷，產品同質、價格肉搏、策略差異小、模式大多雷同，贏者更多依靠強大的執行力或內部的高效營運，企業營運的主題難以回到客戶價值上來，競爭逼迫你喘不過氣來，儘管你宣稱客戶第一，其實競爭告訴你賺錢才是硬道理，壓迫上下游尋求生存空間是最常見的做法，另外，更糟糕的是企業做得越大越是遠離客戶，企業內部永遠是圍繞競爭在轉，不斷翻新競爭策略，而對客戶的聲音視而不見。與之相對應的是利基產品，利基產品就是試圖做到唯一，與大眾產品營運思路截然不同，利基產品一直在尋找差異化的產品定位和客戶價值，滿足客戶不同尋常的需求，與客戶的親密度較高，很多創意「從客戶中來，到客戶中去」，能夠根據目標客戶的要求，對產品進行優化和取捨，企業經營一直在追求客戶未被滿足的需求，始終在創造一種全新的客戶體驗，同樣是賣咖啡，星巴克把它做成一種生活體驗；同樣是做服裝，ZARA 把它做成了快時尚，利基產品專注小眾市場，利基市場的崛起也是市場經濟走向成熟的一種標誌，也是整體經濟發展的一個趨勢。

從大眾產品向利基產品轉型，就是從競爭向需求轉變；就是有把「小企業做大，大企業做小」的新思維，在尋求規模的同時，又像小企業那樣思考和靈敏；就是要放棄敷衍客戶，而是要與客戶「共鳴」與「共振」，放棄改變客戶的做法，而是探索客戶潛在需求和內心深處潛藏的認知。

第六章

組織優化是頂層設計方法論的支撐

在市場上，受制於企業的技術能力和創新能力水準，尋求產品差異化是極其困難的，加之產品可以快速被模仿，產品差異化的動力也是個問題，然而，沒有差異化就沒有競爭優勢，企業要差異化更多是展現在模式（商業模式、經營模式和管理模式）上，而要讓模式的差異化能夠成立，更多依靠的是組織能力。

那麼，組織是什麼？在不同人眼中是完全不同的，對於某個企業來說，在企業內部組織意味著等級，在管理學家眼中組織意味著資源整合方式，在諮商師眼中組織意味著結構和功能，在供應商眼中組織意味著客戶，在客戶眼中組織意味著品牌……在此，我並不打算分解許多公司組織架構的優缺點，畢竟那是不同企業特定發展階段的歷史產物，不具有普遍適用性，我要做的是探尋組織營運的基本內在規律，為公司組織優化提供可以觸發思考的見解。

組織模式決定管理效能

金剛石和石墨的化學成分都是碳，稱「同素異形體」。它們具有相同的「質」，但「形」或「性」卻不同，且有天壤之別。為何金剛石與石墨間有這麼大的差別呢？金剛石，俗稱鑽石，金剛石結構中的每個原子與相鄰的 4 個原子形成正四面體，每一個碳原子之間都是緊密結合的，它們相互支持和依賴，形成一種緻密的三維結構。正因這種緻密的結構，才使得金剛石成為自然界中最堅硬的物質，素有「硬度之王」和寶石之王的美稱，非常珍貴且價值很高。而石墨是碳質元素結晶礦物，為六邊形層狀結構，網層間的距離大，是最軟的物質之一，像我們常用的鉛筆筆芯就是由石墨製作而成的。

金剛石與其他的碳同素異型體之間的差別是由碳原子結合方式的不同而引起的。不同的表現源於不同的組織方式，這讓我聯想到兩次車臣戰爭的差別。1994 年至 2001 年，俄羅斯與車臣之間先後進行了兩次車臣戰爭。兩次車臣戰爭中，俄羅斯都是進攻方，但是兩次戰爭的戰果卻差別巨大。

第一次車臣戰爭：戰爭於 1994 年 12 月 31 日正式打響。俄羅斯沿用二戰時期的經典戰法，採用大規模密集火力覆蓋的策略，分兵三路挺進格羅茲尼（俄羅斯車臣共和國首府）。由於車臣武裝分子的頑強抵抗和靈活戰術，造成了俄軍一定的傷亡，俄軍被迫不斷增加武裝力量。進攻格羅茲尼的過程中，俄軍的重型裝甲部隊在車臣的小村落完全發揮不了作用，首尾難以呼應，車隊在敵人的巷戰中進退兩難，損失慘重。然而，依靠強大的火力，不斷向格羅茲尼腹地深入。時至 1996 年 5 月 27 日，葉爾欽前往車臣，戰爭宣布結束，俄軍取得了勝利。據俄國防部統計，截至 1996 年 8 月 30 日，在第一次車臣戰爭中，俄軍陣亡了 2,837 人，傷 13,270 人，失蹤 337 人，被俘 432 人，損失飛機 5 架，作戰直升機 8 架，坦克、裝甲運輸車、步兵戰鬥車和裝甲偵察車 500 餘輛，直接經濟損失約 50 億美元。

第二次車臣戰爭：從 1999 年 8 月起，車臣武裝力量總司令巴薩耶夫（Basayev）宣布成立「達吉斯坦穆斯林國家」，並入侵達吉斯坦南部地區。俄軍開始進行鎮壓，開啟了第二次車臣戰爭。此次戰爭，俄軍充分吸取了上次戰爭的教訓，準備充分，戰術、指揮靈活，放棄了以往用大量的兵力來進攻，取而代之的是大量運用了特種部隊精幹的內衛部，用獵殺的方式對付車臣非法武裝。同時，俄軍吸取了美軍在波斯灣和科索沃的作戰經驗，大量地使用了高科技、高精度的武器，摧毀了車臣許多的軍用、民用目標，大量地殺傷其兵員，然後才讓步兵進行下一步的作戰行動，有效地減少了部隊的傷亡。同時俄軍還加強了對資訊、情報的收集。迫使車臣武裝連電臺也不敢使用，大大地削弱了其戰鬥力。至2000年6月15日，俄軍和內衛部隊亡2,091人，傷5,962人。以相當於前次三分之一的代價，就取得了全面的戰爭勝利。

兩次車臣戰爭中，第一次車臣戰爭採用大規模「全面覆蓋」的策略戰術，強調規模制勝，資源從上到下配置，在面對「市場」的快速變化時，這種戰法帶來了內部資源排程難以聚焦，而在第二次車臣戰爭，利用資訊化技術，充分發揮一線特種部隊的資源排程權，強調精準高效，資源從前線向後端拉動資源投入，資源的投放的量和方向以及可能產生的結果之間，因果關係明確，責任界定便非常容易，這種戰法讓一線從被動接受指令向主動呼喚砲火轉變，根本的改變了「組織」的運作模式。

1. 組織的核心密碼在於經營

兩次車臣戰爭戰果的懸殊，關鍵在於俄軍及時進行策略調整，戰爭資源的重置帶來戰果的巨大懸殊，從強調中央指令向一線決策轉變，從強調管理控制向「回歸經營本質」轉變，「贏」才是組織最為重要的評價指標。組織的屬性其實比較特別，組織問題既是經營問題，又是管理問題。經營屬陽，管理屬陰，組織是要陰陽調和，是經營問題和管理問題之間的橋梁，組織到底該怎麼玩？

組織的核心密碼還是在於經營，而很多企業談及組織的時候，很容易陷入從管理角度出發來思考問題的惡性循環。本人認為，在思考組織問題時，一定是先經營思考，而後管理思考，切不可顛倒，更不能單純從管理角度發力，容易陷入窮兵黷武、疲兵耗戰的窘境。唯有抓住經營問題，回歸經營本質，方可牽住組織的「關鍵」，才能更加有序和高效。

在一次培訓中，一位學員問我，他們公司的組織架構該如何設計？到底是用矩陣制還是事業部制，還是其他什麼模式？這是一個非常廣泛的話題，落到具體問題，原則和原理只能作為背後的指導思想了，解決問題還是需要務實的方法論。為此，我明確告訴他，組織模式的形式不是最主要的，最重要的是看業務需要什麼樣的組織，隨後，我反問了他三個問題，第一個問題，你們公司目前哪個業務最賺錢；第二個問題，你們公司未來想在哪個業務上賺錢；第三個問題，不同階段的業務重點之間的差別在哪裡。他用了 10 分鐘左右的時間，算是思路比較清晰地回答了這三個問題，我最後告訴他，分析他們公司的組織模式，要從時間和空間兩個維度來看，目前階段，圍繞你賺錢的業務把功能設定好，把主價值鏈和輔助價值鏈的功能確定下來，同時，面對未來，做好前期的人才儲備和資源儲備就好了，確定這個基本的思路後，我告訴他，他們公司組織架構應該如何調整的基本原則和要求，把大方向確定好後，剩下的主要是要平衡一下內部的利益方關係即可，存在某些區域性的不合理是能接受的，抓住主要矛盾和矛盾的主要方向是關鍵。

在企業經營中，組織建設存在三種不同的思路，第一種是追求形式上的架構，注重外在功能組合，這是很多沒有具體業務經驗的人力資源主管慣用的思路；第二種是強調內部人事布局，注重內在利益的分配，這是很多管理者尤其是善於在人事上布局的領導慣用的思路；第三種主要是從業務需求和價值創造角度出發，關注企業盈利能力建設，這是從一線出來的管理者更清楚業務到底要什麼，組織應該是什麼的，所形成的一個重要的組織思考角度。

從我個人的經驗來看，組織就是要支撐業務發展，始終要為企業賺錢服務的，如果做不到這一點，你的企業架構就會出現偏差，會存在很多名字聽起來不錯，但是沒有實際價值，或者說看起來挺重要卻始終發展不起來的部門。脫離框架的約束，回歸經營的本質來看組織，組織結構就異乎尋常的簡單，調整的思路也就自然清晰了。

2. 組織，不在於形式而在於能力

管理學家戴夫．尤瑞奇（Dave Ulrich）所言，組織的本質不是結構而是能力。當我們談及所崇敬的公司，比如 IBM、蘋果、Google 等公司，沒有人會關心其組織中的角色、規則和流程這三個曾經被視為組織結構的三要素，相反，我們佩服 IBM，是因為其以前瞻的思想、創新的科技、深刻的商業理解和誠信的服務推動各行業的持續現代化；我們佩服蘋果，是因為其永不間斷的設計出令人驚嘆的產品；我們佩服 Google，是因為它創新和重塑行業的能力。一句話，人們記住一個組織，不是因為它的結構，而是因為它的能力。

這種能力意味著企業如何創造和如何傳遞價值，是企業身分的象徵，是人力資源管理實踐的成果，也是執行商業策略的關鍵。因此，在進行組織變革時，要從組織需要實現的目的和傳達的價值來建構組織的能力。從頂層設計角度思考組織，就是要從贏和經營績效方面出發，著重考慮以下幾點：

(1) 組織與員工

組織是一種資源的整合形式，最終表達為一組能力，而非形式主導，展現為一群人的有機組合，組織的價值在於成就個人，透過發揮人的長處來成就其商業目的，就是要透過有組織的努力，讓平凡的人創造出不平凡的成就。同時，企業還需要認識到，在資訊網路時代，組織越來越需要人才，而人才卻越來越不依賴於組織。正如丹尼爾．平克（Daniel Pink）在《自由工作者國度》（*A Whole New Mind and Free Agent Nation*）一書中所說：「現在的趨勢是，組織更加需要由才華的人，而有才華的人沒那麼需要組織了，這是網際網路時代的高效生活。組織需要人才，而人才不再那麼依賴於組織。」你的組織一定要給人才留下的理由。

因此，在進行組織架構設計時，一定要結合員工來談組織。

第一，業務是核心，客戶價值是基準，這個是不動搖的，這是組織設計的「神韻」。

第二，因職務而設立人才和因人才而設立職務要結合起來，給人才空間和時間，在組織設計時一定要善於變通和靈活處理。

第三，建立起優秀人才上升通道，讓人才吸引人才，形成一種可以獲得學習和成長的工作氛圍，讓工作本身充滿樂趣。

第四，一定要強化賦能的基本功能建設，讓人才在組織中可以發揮出更大的價值。

(2) 分工與合作

組織是一個動態、複雜的系統，是一個分工與合作的體系，企業的成長歷程就是一段工作不斷細化與整合的歷史，是不斷駕馭更為複雜分工與合作體系的過程。

組織的目的就是要讓企業更快、更高效、更貼近客戶，建立起以市場為導向的「層次清晰、反應靈活、功能完善、協調有力」的組織結構。同時，透過組織架構、流程、激勵機制和人才梯隊的打造實現「前中後、上中下」有機組合的組織體系，打通企業內部價值鏈，建構起研、產、銷協同體系，快速響應客戶需求和競爭需要。

因此，組織不但要在組織功能上強調無縫對接，在人才上仍舊需要專家，成功的關鍵往往是這些專家與其他人合作以形成一個和諧整體的能力。這一點在企業實際經營中，透過各個業務板塊負責人的薪資就可以看出來了，多個板塊的負責人收入是不是相當，如果不是或者差別較大時，所謂的協同只不過是企業家的一廂情願而已，責任權利不對等基礎上的協同都是不持久的、不健康的。

(3) 功能與效能

企業經營要卓有成效，成效即成果，就是企業要產生實際的功效，就是要實現功能與效能的有機統一，功能如同企業的硬體部分，是企業營運的基礎條件，而效能則是企業的軟體部分，透過適當的機制和制度以及文化等方面的作用，使得功能結構發揮出應有的作用，確定職務和確定職務編制就是完成功能架構，而分權、薪酬與考核機制，企業文化建設等都是屬於效能範疇，讓功能架構體系朝著機制牽引的方向前進。

將功能與效能區別對待，有利於企業在組織變革中，明確需要改進或改變的地方，是架構出現問題還是機製出現問題，還是兩者都需要做出調整，調整的順序就會很容易梳理。

(4) 行政與市場

引自杜拉克的觀點，等級結構的組織依然會存在，所有宣稱等級結構必死的預言都沒能實現。在我看來，無論工業時代還是網際網路時代，組織都不可能自動自發地配置資源，實現資源配置的方式來源於兩種力量，一者是市場的力量，一者是領導者的權威。影響組織架構的這兩股力量會始終存在，組織架構的運行機理上要盡可能地促使縱向行政力與橫向市場力有機統一。目前來看，能夠將市場力和行政力有機融合的組織模式當屬矩陣式組織，這種組織模式，有多種優點：①既保證了市場力量的精準傳遞，有兼顧了行政與專業的力量；②既保證策略方向的統一性，有保證資源配置的合理性；③既滿足戰術的需求，又兼顧了策略的考慮；④既滿足專業的縱向發展，又能滿足橫向的協同和價值輸出……然而，這種組織模式應用成功的企業並不多。

組織存在的意義就是在「外部」取得成果，因此，行政力和市場力不應該是角力，而應該是在時間和空間上合理分工。行政力用於面對策略進行資源配置，左右的是策略性資源，是面對未來發展的，是讓企業明天有飯吃。市場力是面對行銷戰術進行資源配置，左右的是戰術性資源，這是雜糧，是面對現實生存的，是讓企業今天有飯吃。兩者有機結合才能夠真正實現短期和長期的和諧發展，讓見利見效和未來意義真正落實。

組織模式變革的三大方向

1.「市場化網路組織」取代「管控式科層組織」

(1) 科層組織與時代漸行漸遠

科層組織是科學管理時代的產物，是始於 20 世紀初期並為企業廣為認同的組織管理模式，形式如同金字塔，科層制組織是一種基於集權和分工的管控式合作體系，既要保證分工的高效率，又追求中央集權的管控體系。這種組織模式有著突出的優點，同時，也具有與生俱來的缺點。

科層組織的優點：①規模效益突出，勞動生產率高；②結構穩定，層次分明；③分工明確，職責清晰；④對外依賴性比較小，決策執行力強；⑤人才豐富，有大量熟悉這種管理理念的管理者。這種組織模式尤其適用於品種少、量大和標準化程度高的產品製造上。將這種模式發揮到極致的，典型代表如福特汽車、通用汽車和富士康等。

科層組織的缺點：①關注縱向專業發展，橫向協同機械化；②標準化要求高，個體約束強，不利於個性解放，員工更像螺絲釘，對體力工作者尚且可以接受，但是對於知識工作者來說是一種煎熬；③職責分工上「份內事」與「份外事」之間涇渭分明；④管理層次多，管理成本高，官僚主義嚴重，決策週期長，對市場回應速度慢，容易產生「只為上不唯實」的問題，重視領導想法和長官意志，對實際情況和實際需求關注不足；⑤部門間各自為政，本位主義嚴重，跨部門協同困難，在面臨多個專業協同配合和靈活應對變化時，顯得死板笨拙；⑥價值評價模糊，價值標準公允性不強。總結下來，科層組織剛性有餘而彈性不足，專業有餘而協同不足。

在行動網路時代，科層組織適用條件和理論基礎開始發生動搖，競爭加劇、客戶需求更新以及知識工作者逐漸成為主流，企業只有對外部的變化保持高度敏感，並且還要能夠有組織、有體系的靈活機動的滿足市場需求，才能持續存活下去，顯然，這種看似簡單的要求對科層組織來說，是一道難以跨越的障礙，組織的轉型更新勢在必行。

以軸承製造企業為例，該企業是軸承行業的龍頭國有企業，作為多年體制下的產物，其科層組織模式的特徵明顯，中規中矩、按部就班的生產著產品。然而，隨著市場的變化，個性化訂製和系統解決方案訴求的加劇，從企業的經營模式來看，存在著兩種截然不同的模式，一種是圍繞標準產品的經營模式，強調專業化、標準化和規模化，計畫性強；另一種是圍繞訂製產品，強調快捷化、個性化、訂製化，小批次和動態性極強，兩種模式同時存在，兩種類型的產品都有市場。隨著時間的推移，非標品占據的比重越來越大，原有適用於標品的科層組織模式出現了各種不適應，組織內部負責產銷協調部門的工作量和工作內容急遽增加，並且在原有的組織模式下，基於標品的經營模式造成了大量結構性過程，庫存居高不下，而且組織機器根本停不下來，處於「引鴆止渴」的經營狀態，企業內部產銷失衡現象突出，產生了各種「內分泌失調」症狀，原有以「計畫經濟」為主導的科層組織架構，在「市場經濟」面前力不從心，尋求組織變革，進行頂層設計的需求越發緊迫。在這樣的情況下，我應邀擔任該公司的顧問，然而，在這種「積重難返」的境地來推進組織變革，其中的難度只有經歷的人才能夠知道其中的酸甜苦辣。

(2) 網路化市場組織代表未來的主流方向

在網際網路時代，科層組織模式會向什麼樣的組織模式演變呢？我想，取而代之的應該是「網路化市場組織」，網路化市場組織具有以下幾個適應時代的新特點：

第一、市場導向，以客戶價值為核心，這種導向必須要落實到組織上，而不能停留在口號和思路上，價值和效率是組織的永恆的主題，要不創造全新的客戶價值，要不就是打造全新的營運效率。

第二、組織方式網路化，資源整合機動靈活，無固定形式，評價標準是唯一的，那就是如何多快好省的創造客戶價值。

第三、團隊作戰，形式多變，資源快速聚散，目的性強，有效性高。

第四、任何組織內部的團隊存在都是以業績來評價，業績是評價其生存與發展的準繩，沒有業績團隊就沒有存在的理由。

第五、剛性的職能劃分與柔性的組織協同同在，組織邊界清晰，卻介面豐富，相互配合毫無障礙，極少毫無價值的管控環節和不必要的紅綠燈，後臺和管理部門所掌握的大量資源會向一線傾斜。

「網路化市場組織」與「管控式科層組織」作為兩種不同的資源整合方式，「管控式科層組織」關鍵要點在於：職責、預算、計畫、目標、層級和標準等，「網路化市場組織」關鍵要點在於：客戶、協同、分享、需求、團隊、任務、靈活和能力等。這兩種模式的差異，源自於三大核心原因：

- 「動力源」不同

「動力源」從內部轉向外部，從靠「推力」向靠「拉力」轉變，從「行政命令」向「客戶主張」轉變，權力逐漸從領導層向一線轉變，打破決策瓶頸。

面對無限、多變的市場需求，即使再細分的市場，單一的、標準的產品都已經無法滿足客戶的需求，僵硬的「管控式科層組織」只能加劇結構性過剩的矛盾，而不能從根本上緩解供需關係一體化過程中的結構性矛盾，當有限的組織能力和無限的客戶需求之間矛盾日益擴大的網際網路時代，創新企業與客戶之間的連結方式變得越發重要，「管控式科層組織」顯然不能夠很好的滿足這一要求，自娛自樂只能自絕於市場，而圍繞客戶需求的「網路化市場組織」以其靈活的組織方式、市場化的合作機制，將逐漸成為未來的主流。

・「評價值」不同

「評價值」正在從「主管說了算」轉向「客戶說了算」，任何組織、團隊和個人，存在的理由有且僅有一個，那就是創造價值，評價的標準就只有創造了多少價值、解決了多少問題、實現了多少改善，而不是生產了多少產品、做了多少事情、編寫了多少檔案等。

員工的價值評價大體分為兩大類，一類是為客戶的價值創造做出了多少貢獻或者說創造了多少客戶價值，一類是為未來客戶價值的創造做出了多少準備，導向明確了，管理的思路也就明確了，「主管說你行，你就行」的時代逐漸會成為歷史的記憶。

・「產出物」不同

「產出物」正在從「標準產品」向「非標準產品」轉變，從「生產導向」向「市場導向」轉變，企業的核心功能也在從「銷售」向「行銷」轉變，組織內部功能大調整，業務部門將被市場部門所取代，對於工業品來說，市場部門人員的技術價值大大提高，而對於民生消費性用品來說，市場部人員的產品品牌策劃能力要求會更高。企業的產出物也在從低附加值的標準產品逐漸向高附加值的非標產品或系統化解決方案轉型。價值產出成為核心，市場的聲音會洞穿組織，圍繞最終產出的努力將成為所有職位或部門的工作的主旋律。

2.「開放式平臺組織」取代「封閉式官僚組織」

對組織行為學有過了解的都會知道，官僚組織不是一個充滿貶義的詞彙，而是指強調縱向管控的組織體系，這種組織體系在特殊時期有著獨特的力量，比如可以「集中力量辦大事」，對官僚體制的威脅至少有這樣四個：(1) 快速且無法預料的變化；(2) 規模的不斷擴大；(3) 現代技術的複雜性；(4) 一種基於合作與理智的權力新概念。在面對網際網路時代動態變化的外部環境時，強調政令統一、整齊劃一的封閉的官僚組織模式，正在被日益開放的組織形態所取代。

「封閉」是官僚組織最大的特點，其組織模式主要目的在於遏制風險，而不是尋找機會，組織內部往往是鐵板一塊，外部資源難以進入，即使進入也難以消化，企業在應對市場需求主要是靠內部資源的自循環。這種封閉性特徵不僅僅是在組織資源的整合上封閉，在業務經營上往往也是缺乏衝擊力，人員的思維和理念更是具有封閉的特徵，很多優秀的人才在這類組織中經過一段時間的「磨練」，漸漸地變得對公司政治敏感，而失去對市場的質感，擅長於內部關係的處理，而缺乏對外部的開拓和進取精神。

官僚組織等級森嚴，上下級存在極強的依附和從屬關係，忠誠遠大於能力，人際關係的處理是員工晉升和加薪等職業生涯關鍵事項的重要指標，在這類組織裡，框架規定較多，經營策略的「規定動作」遠多於

「自選動作」，員工價值評價「定性指標」遠多於「定量指標」，業務能力的強弱展現的難度較大，這在相當程度上也壓抑了創新的火種，這種組織對於創新性人才和崇尚自由平等的知識型工作者來說，就是一座無形的「牢籠」，是對其人性的壓抑和束縛，但是對於習慣於按部就按，擅長人際關係處理的人，來說卻是難得的「天堂」，我們不能厚此薄彼，不能強調創新就忽視規則的重要性，也不能強調自由平等就輕視人際關係的價值，但是，身為一名企業經營管理者來說，人際關係要有節制，但是創新無止盡，因此，在創新的探索上，企業必須在組織機制上予以保障。從這個角度來看，平臺型組織具有得天獨厚的優勢。

能將平臺型組織的優勢展現出來的經典案例，當屬 GE。GE 公司是美國奇異公司的簡稱，由愛迪生建立於 1878 年。GE 公司 2013 年的營運額 1,468 億美元，淨利潤超過 136 億美元，資產達 6,853 億美元，員工人數有 30 萬左右，在世界財富 500 大中排名第 24 名。

GE 公司的業務和辦公地點遍及世界各地 100 多個國家，業務範圍包含塑膠、醫用系統、發動機、交通、電力、照明、金融服務等許多領域。它使世界上最大的製造公司之一，營業額和市值在製造業均為世界第一，公司資產於 1981 年相比增加了 27.4 倍。

1981 年，GE 第 8 任總裁兼董事長傑克．威爾許走馬上任時，公司的總資產 250 億美元，年利潤 15 億美元，GE 似乎是一家令人羨慕、財務健康、運轉正常的公司。然而在傑克．威爾許看來卻存在很多問題，其中最為嚴重的是人員機構臃腫、管理層級複雜、層次過多、靈活性低，僵化的官僚氣息更令他頭痛。官僚作風吞噬了組織對變化的嗅覺，它讓「GE 穿上水泥鞋與對手競爭賽跑」。

傑克．威爾許從上任起，就一直致力於打破這種官僚機制，將GE改造成一個真正的無邊界組織。具體措施是將各個職能部門之間的障礙全部消除，工程、生產、行銷以及其他部門之間能夠自由流通，完全透明；融合國內業務和國外業務；把外部圍牆推倒，讓供應商和使用者成為一個單一過程的組成部門；推倒那些不易看見的種族和性別樊籬；把團隊的位置放到個人前面，實現「工作外露」(WORK-OUT) 計畫，倡導群策群力、團隊精神等。最終，將GE與其他世界性的大公司區別開來。

組織模式開啟「平臺＋」模式，平臺作為支撐、服務與核心營運管理職能的單元，支撐價值創造單元的效率最大化。平臺不僅具有對內資源啟用的功能，外對也具備強大的資源整合能力。但是，平臺和平臺之間差異往往是巨大的，即使在同一個領域，由於商業模式的不同，對平臺的認識和理解也是不同的。

3.「聚合型有機組織」取代「離散型機械組織」

「離散型機械組織」的概念形成於為某醫藥企業做管理諮商的過程中，該公司是一家上市公司，上市以後企業的資金充裕起來，隨著資金的充盈，企業的策略上更為大膽，不斷進行著縱向併購，先後收購了多家上游供應商企業（醫療裝置、包材等），然而，在對該企業進行策略分析時，發現該公司所下轄的多家子公司各自為政，相互之間缺乏有效的銜接和連動，分公司之間平行並列，甚至於在資源上相互爭奪，整體公司並沒有圍繞某一個核心形成有效的系統，這無疑是對資源的極大浪費，並沒有實現其併購的初衷。

這樣的組織應該怎麼調整呢？我想一定是要走向聚合型有機組織，

可謂資源整合容易聚合難。當我們放眼整個企業，尤其是集團型企業的時候，企業不但要是有機性的，更要是聚合型有機組織，這種提法，我想更能適合這個時代。

首先來舉一個例子，美軍現役部隊只有 130 餘萬人，全球駐軍、全球機動、全球作戰，面對不確定的對手、不確定的戰場、不確定的戰爭樣式，基本做到了「招之即來，來則能戰」。這得益於美軍強大的「指揮鏈」系統。美軍「指揮鏈」由兩部分構成：一是「行政指揮鏈」，也就是所謂的軍政系統或領導管理體制，以「總統和國防部長－軍種部長（軍種參謀長）－軍種部隊」為基本主線，主要負責對機關和部隊領導、管理、軍種訓練、軍種聯合基礎訓練和後勤保障；二是「作戰指揮鏈」，也就是所謂的軍令系統或作戰指揮體制，以「總統和國防部長（透過參聯會主席）－聯合作戰司令部－作戰部隊」為基本鏈，主要負責對部隊的作戰指揮、控制、協調和聯合訓練。

美軍之所以具有如此強的戰鬥力和多兵種協同配合體系，得益於其高效靈活的聚合能力，這種思想放到企業當中，我們可以將其理解為組織營運效能。無獨有偶，在給某中型卡車製造企業做諮商服務的過程，進行標竿研究時，也再一次驗證了組織營運能力的重要性。在歐美重型卡車企業中，能夠在劇烈的行業週期波動中連續保持 70 多年盈利的企業只有 2 家：帕卡（Paccar）和斯堪尼亞（Scania AB）。進一步分析，我們發現，這兩家企業採用的是完全不同的策略，帕卡的業務策略為：業務專業與高效管理的低成本策略。以「輕資產」模式整合產業鏈資源，實現「快周轉」，確保其卡車業務上一直維持在 12% 到 14% 之間的毛利率水準。而斯堪尼亞採用的業務策略截然不同，其業務策略為：高度協同的縱向一體化策略，透過產業鏈的一體化協同效應和差異化的產品使其在主流重卡企業中擁有最高的毛利率水準。透過對比發現，帕卡和斯堪尼亞雖然採用完全不同的成功路徑，但是兩家企業具備相同的特點，那就是高效協同的內部營運。顯然，打鐵還需自身硬，如果我們企業內部都難以高效營運，又談何資源整合，談何組織效能呢？

組織優化必須理清的四組關鍵關係

華人社會是一個人情社會，組織也不過是一群人在一起形成的一種社會關係，因此，如何在組織優化過程中處理好多種角色之間的關係，直接決定你的組織優化的成敗。

1. 董事長、總經理和行銷總監的三角關係

看一個企業成長性如何，關鍵就要看三個人，他們就是董事長、總經理和行銷總監，這三個角色都是企業的高層管理者，他們之間的關係以及對於業務的見解，對於一個企業的業務發展來說，可謂至關重要，到底該如何理清他們三者之間的關係呢？

首先，來說董事長，董事長是企業的最高領導人，其存在必須要有策略的高度，如果一個企業的董事長只是某種形式的存在，那麼在進行策略決策時，企業就會面臨諸多挑戰，一旦核心角色的缺失，就會有多種相互制衡的角色在競爭，傷害的最終是企業自身。因此，企業董事長，一者要具有高瞻遠矚的視野和大氣磅礴的格局，這是身為董事長的

基本素養，站得高看得遠，是作為企業金字塔尖的要求，也是所有員工對於董事長的一種很真實的期待，兩者要有嚴密的思維軌跡和深厚的知識結構，也就是說要有足夠的廣度和深度，才能夠更好的把握事情的本質，抓住關鍵要要點。

其次，要說的就是企業的總經理，總經理的角色很有特點，是企業高層中承上啟下的關鍵，也是資源整合的實施者，在企業內外部之間建立起組織的市場化整合，圍繞市場需求，形成資源的策略性安排和落實。總經理必須是一個全才，然而，在現實世界中，總經理的出身往往決定了總經理在擔任這一角色上的缺憾，比如財務出身的，就比較容易從財務數據的角度看待問題，而忽視事情真實的來龍去脈；如果是行銷出身，就比較傾向於機會的把握，而忽視後臺體系的建設，顧此失彼現象比較嚴重，因此，擔任總經理的角色，需要跳出原有專業化的局限，以全域性的思維去面對區域性的問題。

最後，就是行銷總監，需要完成市場的總體布局和規劃，是策略戰術化演繹的展現者，把公司的策略意志充分展現在市場的規劃和布局上，另外，還需要把市場的需求內化為組織功能建設的要求，促進和引導組織功能的有序有效建設。

可見，董事長、總經理和行銷總監，三個角色的溝通以及相互理解是具有全域性性和系統性影響的，三者如果能夠分工清晰又能相互配合，則可打通經營與管理的任督二脈，實現上下前後之間琴瑟合音。可以將三者關係進行一個較為形象的比喻，董事長應當是法老（精神領袖）、旗艦指揮者（決策者）；總經理應當是舵手（操盤者）、牧師（思想教育者）和判官（標準制定者）；行銷總監應當是職業殺手（獵手）、農夫（精耕細作者）。

2. 老闆、專業經理人和元老的三角關係

在很多企業，尤其是民營企業中，有三個角色的關係非常微妙，那就是老闆、元老和專業經理人之間的關係。

劇情複雜的「宮鬥戲」大多發生在這三者之間，創業元老歷史功勳卓著，子弟兵眾多，可謂「老樹盤根、枝繁葉茂」的，形成各式各樣的利益小團體，在小團體內部具有極強的威信和掌控力，不經意間就陷入「倚老賣老」的職業惡性循環，元老們的這種職業作風逐漸失去了創業階段的熱情和豪氣，沒有了學習的熱情和衝動，取而代之的是各種政治鬥爭，老闆礙於情面或者受制於經營風險，對許多創業元老是敢怒不敢言加之，很多是沾親帶故的，雖有不滿但是不敢輕舉妄動，不想落下獵殺功臣的罵名，也不願意看到「拔起蘿蔔帶出泥」的職場震動。然而，元老的狀態，對於持續承受經營壓力和不斷學習成長的老闆來說，是越來越厭惡和難以承受，擺在老闆面前最好的選擇也就成了如何透過「增量來調節存量」，透過引入專業經理人來達成「鯰魚效應」(catfish effect)，專業經理人是完全不同的職業生態，大多受過較好的教育和較為豐富的職場經驗，加之受到職業化的培訓，具備較強的職業精神，對於很多老闆來說，專業經理人恰如一股職業清流，對引入專業經理人後的事業規劃和人事布局有了更多和更高的期待，正是這種期待，往往成為老闆與專業經理人之間矛盾的焦點。

專業經理人帶著諸多「光環」進入一家企業，但是，能夠善始善終的專業經理人並不多，伴隨著專業經理人們離開公司時的各種怨言和憤怒，我們不得不反思，如何處理好老闆、元老和專業經理人三者的關係。

對於企業元老來說，這一個角色比較特殊，如果，他們沒有公司的股份或者無法享受到與公司成長同步的收益的話，元老們的作用會伴隨著公司的成長發生變化，從動力源變成一股強大的阻力，因此，對於元老們，都是職場老江湖，企業老闆無法跟這些人談太多的人生道理和職業抱負，沒有太多的情懷可言。對於這些人，企業老闆最該思考的是如何形成利益分享機制，讓他們的「心和神」一直站在公司的立場上來思考，而不是某一個部門的利益立場。

接下來，就是要說清楚企業老闆和專業經理人的關係了。有幾點總結如下：1. 專業經理人關注結果，企業老闆關注後果；2. 專業經理人關注問題，企業老闆關注體系；3. 專業經理人關注當下，企業老闆統籌未來。然而，從問題解決的建設性角度來看，無論老闆還是專業經理人都需要做出調整和改變。

老闆必須要認識到以下幾點：

(1) 給予專業經理人必要的幫助，尤其是在入職初期，多種複雜的關係需要深入了解才能從容應對，在專業經理人沒有充分了解之前，要做好鋪陳，讓專業經理人軟著陸，不能用力太猛。

(2) 給予專業經理人必要的信任，這種信任不是放手不管，而是切割好邊界，設定好規則，把是非對錯的評判標準約定好，在規則內如何遊戲，要大膽的放權，給予充分的支持。

(3) 給予專業經理人必要的協助，老闆習慣於評價和評估別人的貢獻，但是對於專業經理人來說，要生存下來，是需要老闆的支持和理解的，尤其是在初期，老闆不要扮演監工的角色，而是要充分發揮其領導力，征服專業經理人的同時，幫助其適應和成長。

專業經理人必須要認識到以下幾點：

(1) 先立功再立言。沒有成績之前，盡量少去發表高論。業績或者成績才是專業經理人的終極尊嚴，也是贏得支持和信任的關鍵。更不要急於改變老闆的想法和思路，專業經理人儘管有再豐富的經驗與再高深的理論都必須要本土化，不要用自己的尺來度量老闆，要知道改變老闆的只有兩樣東西，一個是上帝，一個是市場，身為專業經理人，你要透過市場的力量和經營的業績引領老闆的思維轉型。

(2) 先融入再融合。一個企業的成功必然有其道理，別一上來就拿自己過去企業的那一套來試圖改變某個企業，不現實的，身為專業經理人，進入一個新組織，就要學習，了解老闆的心路歷程和成長史，了解企業的業務特點和企業文化，先融入進來，再根據需要有計畫有步驟地推進新方法的落實，在融合中尋找共識。

(3) 先共識再見識。共識是雙方的，見識更多是單方面的，如果沒有共識，再強大的見識可能都是沒有價值的，所以，見識很重要，但是共識更關鍵，共識就是要讓你的見識來影響別人，從多種矛盾中找到雙贏的那個點，這需要專業經理人較高的職業素養，能夠在錯綜複雜的矛盾中，抓住營運的核心命題和關鍵邏輯，精準且快速地打破僵局。切記，一上來就一頭栽進管理的惡性循環，用自己的見解來要求別人，而是要從業務下手，透過拉動來帶動發組織，而不是靠管理去推動，管理推動者有且只能是企業老闆，這個必須要認識清楚。

道理很容易闡述，但是真正落實執行，卻沒那麼容易，需要諒解和包容，要知道經營權和所有權對立的問題，是很容易產生競爭和衝突的，所以，要用市場化的眼光看待現實的問題，不能脫離現實的理想化，更不能忽視市場的內部消耗。所以，我們要能夠認識到，無論是國有企業、家族企業還是合夥制企業，首先它是一個「企業」，然後才是其他字首屬性。對待這些企業必須用市場化的機制和視角來審視，而不是一步陷入內部的利益和權力紛爭。要以共同的利益來追求共識共享。

3. 行銷、製造和研發的三角關係

對於製造型企業來說，行銷、製造和研發是三個核心的價值創造部門，這三個部門要實現張弛有度和步調一致，需要明確兩個關鍵點：

(1) 建立起何種導向的經營模式

對於組織營運來說，將資源聚焦於前端，強化組織拉力，還是將資源聚焦後端，強化推力，還是將資源聚焦於前後端，強化推拉結合，將產生截然不同的市場表現和經營結果。第一種模式將資源聚焦市場，行銷、製造和研發三角關係中行銷就是龍頭，一切以行銷的號令，製造響應行銷，研發響應製造；第二種模式將資源聚焦技術推力，研發是核心，技術領先性是企業的關鍵，而第三種模式則將資源用於市場和技術兩方面，實現推拉結合，驅動市場與市場驅動相結合。

(2) 建立起部門協同的三大機制

部門協同除了確定導向之外，還需要配套相應的管理機制，至少包含三方面機制。一者利益保障機制，要實現研產銷一體化，前提就是利益一體化，其次才是目標一體化，最後才能使價值觀一體化，如果目標一體化做不到，利益保障機制不到位，協同就只能是一句口號了。兩者溝通協調機制，這是在出現異常情況下，如何高效解決問題的協同機制，比如定期或不定期的會議制度，Google 在這方面可謂典範，其特有的站立式會議和一張披薩的會議規則，就是要保證協同的高效。三者就是管理控制機制，也就是說常規的事情要有一套完整計畫預算管理辦法，什麼時間做什麼事情，花多少錢，誰來配合等等要有清晰明確的計畫和預算的。

4. 高層、中層和基層的三角關係

一個經營高效、管理有序的公司，組織內部一定是看起來平淡無奇的。因為每個人各司其職，縱向和橫向之間配合井然有序的，這其中就包含高中基層之間的分工與合作。高層領導者負責公司策略，確保體系的統一性；中層負責策略演繹，確保應對變化的靈活性；基層負責具體落實，確保執行的剛性。

因此，圍繞高層、中層和基層的三角關係，最為關鍵的應當是明確各自的職責，方可上下一盤棋。大致總結下來，高中基層的主要職責如下：

(1) 高層的核心職責

如果要列舉出高層領導在企業經營方面的三件事，我想應該是：①公司策略方向和定位；②資源配置體系和機制；③核心能力打造。當企業高層把公司的策略方向和定位說清楚，企業經營的靈魂就抓住了，企業經營的其他事項才能夠綱舉目張，其次就是資源配置體系和機制，這就是要整合資源並且保證資源整合的效果，最後就是核心能力的打造。

高層一定要有創業者意識，不但要在全面思考企業如何成功，還要理性的思考企業可能失敗？一方面從空間和時間上全面思考系統問題和關鍵成敗問題，還要抓住成敗的瓶頸要素，可以說，系統的問題、關鍵成敗的問題以及瓶頸問題，才是高層領導者最應該，也只能由高層領導者予以關注的事項，抓住這幾方面的事情，則思路清晰、大局穩定，而一些細枝末節也不會有太大的影響，如果抓不住大局，那麼任何一點風吹草動都可能帶來驚心動魄的負面效應。

(2) 中層的核心職責

高層負責決策，基層負責執行，然而在決策和執行之間，是存在鴻溝的，這條鴻溝既深又寬，需要強而有力的中層來進行策略演繹，來做橋梁嫁接這兩大塊，才能把想法最終變成成果。另外中層管理者對於組織文化的建設和傳承也是不可或缺的。這裡，要重點強調一下，在網際網路時代，一些擁有先進理念的網際網路公司在大肆鼓吹去中間層，面對這樣的說法，我們企業，尤其是製造型企業一定要慎重。

(3) 基層的核心職責

基層的核心職責在於執行，然而，基層員工又恰恰是問題線索的第一接觸人，是最先聽到砲火聲的層級，因此，基層員工在負責執行的時候，一定要帶著問題和想法去執行，不可一味的按照規則和標準，要以創新思路解決問題以及領會上級領導者管理思路的過程中，不但要用力，更要用心，具備執行力和創新力的雙重能力，讓自己變成一個可以做化學反應的單元，而不是只是做機械運動的「機器人」。

簡而言之，高層關注的是方向，中層關注的是方式，基層關注的是方法。高層追求的是效能，中層追求的是效果，基層追求的是效率。

第七章

管理更新是頂層設計方法論的要點

管理理論是科學，而管理實踐是藝術。管理學家強調原則和原理，是源自於實踐的提煉和歸納總結，經營管理者強調方式和方法，強調實現目的的技巧和戰術，面對解決問題，是在一般規律下的演繹。

管理應對績效負責

說起管理，第一時間進入我們意識裡的應當是大會小會、各種計畫、各項制度、各項規定和要求、各種考核獎勵等，這些都算得上管理活動，但是要界定管理的內涵和外延顯然是不夠的。那麼到底什麼是管理呢？似乎與策略一樣，管理的定義也是千差萬別。科學管理之父弗雷德里克．泰勒（Frederick Winslow Taylor）認為：「管理就是確切地知道你要別人做什麼，並使他用最好的方法去做」；赫伯特．西蒙（Herbert Alexander Simon）說管理就是決策；杜拉克說管理是一種實踐，其本質不在於「知」，而在於「行」；其驗證不在於邏輯，而在於成果，其唯一權威就是成就；法約爾（Henri Fayol）說管理是計劃、組織、協同、控制；明茲伯格（Henry Mintzberg）說管理是分析、洞察力和經驗的三角組合；羅賓斯（Stephen P. Robbins）說管理是指與別人一起，或透過別人使活動完成得更有效的過程；有些專家說管理就是管人理事……定義上看起來差別很大，不過角度不同而已，但是內在不變就是管理要有效性。正如管理史學家錢德勒認為，企業的效率、財富的創造，來源於專業化分工基礎上的協同，來源於管理的有效性，而不單純來源於資源配置的方式。

所以說，管理是什麼並不重要，重要的是管理要有效。普拉哈拉德

(C. K. Prahalad) 認為，當一個管理群體試圖再造自身時，把注意力集中在經營成果上是非常關鍵的，不注重經營成果的變革就像放任自流。管理必須要為績效負責，這是管理的目標，也是管理的最終追求。

1. 績效＝權力 × 能力 × 動力 × 資訊

管理要為績效負責，那麼績效是如何產生的呢？在為某公司進行的一次培訓會上，圍繞績效問題，我一共提出三個問題，第一個問題是「入職的時候，你想做出一番成績來還是想找個地方混日子的？想做出成績的請舉手！」，在場的近 200 名員工，幾乎都舉起了手，可見入職的時候，想做出成績的幾乎 100%，可見入職時員工的一些豪言壯語並非故弄玄虛。那麼，接下來第二個問題「覺得自己如預期那樣做出成績的請舉手！」現場舉手的人也就 10 多人，僅占總人數的 5% 左右。接下來的第三個更為互動的問題是「你覺得沒有達到你預期績效的原因是什麼？」這個問題讓現場開始七嘴八舌起來，由我主持讓大家輪流發言，然後，我將大家的觀點進行歸納和總結，問題大體集中在以下幾個方面。

首先，比較集中的話題就是，很多員工身居一線，覺得很多事情／問題應該如何處理，但是主管卻認為員工想得太多，太不切實際，然而，主管對很多事情又是不太明白和了解的，再加上很多問題申請的審查批示流程超級複雜，一拖再拖。這樣一來，員工看到問題，也想到了辦法，但是由於沒辦法調動資源，事情就擱淺了。對這類問題描述很多樣，但是我最後做了個總結，我說，這類情況的出現，在影響你們績效的事情上，是不是你們根本沒有權力去主動處理，而更多是需要主管支持和主管安排的被動處理？說到這裡，大家都點頭表示認可。那麼，可以說，沒有與自身績效相關的權力或者權力受到限制，是影響績效產生的一個關鍵因素。為此，我在白板上寫上大大的「權力」兩個字。

其次，「權力」一詞寫在白板上，很多管理者按捺不住了，一些主管或部門經理，發表觀點，他們認為很多員工的能力不足，是造成他們成績不佳，績效落後的主要問題，很多員工是有想法，但是能力不足，他們也不敢輕易授權，這時候，人力資源部門負責培訓的主管也發表了看法，他認為確實很多員工由於在行業內的資歷比較淺，綜合能力確實還需要提升，這也是他們培訓部門需要繼續努力的地方。一番簡短而略帶有火藥味的討論以後，我依然以擅長的節奏控場，保持會場的秩序穩定，我說，不論如何，看來很多員工的能力不足，是客觀存在了，至少要說，我們企業員工的能力還有待提升，是這樣嗎？這一點，又一次得到了認可，我繼續在白板上，寫上另外兩個大字「能力」。

再次，我並沒有讓大家再繼續討論下去了，而是發表我的觀點，我認為，員工的能力確實各有差異，但是與能力相對應的一個概念，就是動力，如果你的機制不能促發員工的積極性，不能讓員工產生內驅力，即使員工有能力，他們也會選擇保留，甚至於消極怠工，這是我們管理者必須要考慮的，就是我們是否在機制上保持員工的積極性，是否透過有效的明規則，而不是潛規則，形成明確的獎懲與晉升淘汰機制。所以說，動力足不足，也是一個不可忽視的因素，為此，我在白板上大大的寫上「動力」二字，這一次，臺下似乎一陣陣竊竊私語聲，能夠感覺到大多數人的贊同聲。

最後，我說，有了「權力」、「能力」和「動力」這三個夠不夠，臺下一下子變得非常安靜，我堅定的表示，僅有這三個，是不夠的。為什麼？管理是要為績效負責，管理要管人理事，你必須要對「所管之人，所理之事」非常了解，否則，你只是按照經驗，拿著你手裡的權力，擁有把事情做好的良好動機，但是最終結果可能是事與願違的，因為，你對事情的來龍去脈，對管理對象的變化動態缺乏了解，對管理標的資訊缺乏透澈把握，沒錯，就是資訊不足，尤其是在網際網路時代，一切變化那麼快，過往的經驗之所以失效，就在於變化太快，所以，「資訊」的真實與否，是你決策和選擇明智與否的關鍵，也是績效高低的重要影響因素。接下來，我在白板上寫下了「訊息」兩個字。

此時，在白板上僅有「權力」、「能力」、「動力」和「資訊」八個字，這四個方面對於績效影響都是至關重要的，但是它們之間不是加減法關係，而是乘法關係，即「績效＝權力 × 能力 × 動力 × 資訊」。管理要想產生績效，就要給予相關責任人賦權，或者在權力上給予支持，持續地提升能力，保持員工旺盛的鬥志和正確的動機，並且保證獲取真實的資訊。這幾個方面，也可以作為檢驗公司管理機制和制度的重要參考和指標。因此，可以說，管理並不是要刻意去激勵員工，而是盡力多個維度上做到找到什麼原因讓員工意興闌珊，然後強而有力地消除這些因素。

2. 管理，就是要卓有成效

管理就是要卓有成效，杜拉克所言，管理在「行」，而不在「知」，其驗證不在於邏輯，而在於成果。管理不是要企業管理者談大道理，也不是追求精彩的邏輯演繹，而是要產生實實在在的業績，唯有業績才是尊嚴。理論的學術價值不容置疑，但是只有得到驗證成就價值，才有真正的商業價值，這一鴻溝是要管理來打通，透過卓有成效的管理來實現。管理是有一套基本的邏輯思考的，接下來對於管理的有效性的解讀，結合自身的管理實踐，總結如下。

(1) 業務發展是管理存在的唯一理由

管理要為績效負責，不以經營績效提升為目的的管理都是不講理。經營問題思考的是供需關係和競爭優勢，繼而決定你在哪個領域用哪些策略，滿足那些客戶需求，以何種方式競爭等，而管理，則圍繞競爭優勢發展核心競爭力，透過有組織的努力打造企業獨有的競爭力。換句話說，管理就是要為資源配置的有效性負責，讓投入與產出之間的關係更為合理。經營和管理是硬幣的正反面，經營是陽，管理是陰，陰陽互補方可相得益彰，經營是管理對錯與優劣的評價標準，管理要始終圍繞著業務來開展，否則就是無源之水，無本之末。

管理活動如果不能夠為業務增值，那麼這個管理活動本身就是多餘的，就是在浪費資源。以績效管理為例，績效管理是一項關鍵的管理活動（體系），當很多企業管理者在探討績效管理時，會情不自禁地研究起績效管理的各種方法論，比如 360 度評價、MBO（目標管理）、BSC（平衡計分卡）、KPI（關鍵績效指標）、OKR（目標與關鍵結果）等績效管理方法，這是一種典型的方法，是經驗的提煉，但是身為實踐者，我是很樂意直接借用這些管理方法，我深知這些管理方法的局限性，例如，KPI 主要是圍繞職位職責來確定關鍵績效指標，也會圍繞一些總體經營指標來分解，靈活性比較低，在體力勞動者或者做機械運動的職位上較為適合；MBO，主要是圍繞目標來做分解，對目標的「合理性」提出了極大的挑戰，並且在執行過程中的「合法性」提出質疑之聲較多，所謂的結果導向，但是指標分解往往存在極大分歧，成為博弈的一個焦點；OKR 相對比較靈活一點，強調最終目標和過程階段的關鍵性結果，做什麼清晰，怎麼做主要靠發揮人員的主觀能動性，對於知識型工作者更為實用，而在體力勞動者就難以發揮效用；BSC 主要是適合於上市公司或者管理體系極其規範的公司，簡單借用難以承受，反而會造成混亂；至於 360 度評價，這個對於企業文化的要求極高，透明、開放、誠信等企業文化如果不具備，360 度就會很有可能成為拉幫結派的工具……這些工具都很好，但是單純從管理出發思考管理，就可能陷入一種方向迷失的失誤，我們常說，管理是一盤永遠下不完的棋，管理只有找到自己的主線才能有的放矢，以行銷體系為例來說，如果沒有清晰的經營策略和行銷策略，考核往往會是盲目的、混亂的、粗糙的、顧此失彼的。從我的經驗來看，在做出績效考核這類管理策略之前，我一定要先制定好經營策略和行銷策略，所以，管理一定要圍繞企業經營與業務發展的關鍵點上著力，在業務競爭優勢的關鍵點上使勁，在業績關聯要素上使勁，在策略舉措上使勁，讓資源與產出形成明確而清晰的關係。

不從經營上思考管理，管理就注定是不親民的。不親民主要表現為管理不足和管理過度的兩種現象。比如，管理不足就是該管理的不管理，管理過度主要表現為：1. 行政管理審核流程繁瑣；2. 行政人員編制龐大且忙碌不知所為；3. 業務部門受到管理部門過度的監控和管理，忙於收集各種資訊卻難以對業務造成有效的支援；4. 業務部門要分擔大量的精力應付管理部門的無效管理；5. 凡事講求標準，追求規範，甚至連言行都要框架，內部遍布禁區，誠惶誠恐；6. 制度繁雜卻缺少人性關懷；7. 管理部門主導公司各項業務，借「管控風險」之名，實則外行管理內行。而管理不足的表現更多展現在管理沒有為業務提供必要的支持。對於企業經營管理來說，管理慢業務半拍是正常的，慢太多那就是管理不足，業務就容易變成一盤散沙，快太多就是管理過度，體系就會變得僵硬笨拙。

總之，管理要卓有成效，必須要在業務發展上找到支點，源自於業務發展，最終落實於業務發展，透過管理活動對業務發展過程中問題有效處理。如果脫離經營和業務談管理的，都是不切實際的，無論其理論有多高深。

(2) 管理隔行不隔理

對於業務來說，可謂隔行如隔山，但對於管理來說，卻是隔行不隔理。業務追求精準，而管理是要追求灰度的，業務在先而管理在後，業務在於打通供需關係，然後再考慮如何讓供需關係更經濟、更高效，這就是管理要思考的問題了。業務面對外部世界，追求不確定性，管理面對業務需求，追求的更多是確定性，唯一不確定的就是人性的複雜。管理核心要處理的是業務的複雜和人性的複雜。管理無非管人理事，「理事」講究規律，「管人」講究方式。事情根據緊急與重要來區分，人要根據個人特徵考慮接受程度。制度是無情的，但是管理一定是有情的，有情不代表可以不執行，而是以靈活的方式去執行。

管理往往是追求體系穩定性，來提升內部協同效率的，而隨著外部的快速變化，內部滿足外部的能力就會受到極大的考驗和挑戰，我們該怎麼辦呢？管理的初衷和實際效果可能產生衝突，很多時候，我們認為我們的管理出了問題，不夠先進或者說不夠系統，很多企業家聽說某某優秀企業的成功，就想著能否複製別人的管理體系或者管理制度，然而，這種邏輯並不可取。每當這個時候，最好是問自己一個問題，管理的初衷是什麼？那就是促進業務發展，一旦我們理解了這個，我們就會對優秀企業的管理制度保持足夠的理性，他們優秀是因為，他們的管理與他們的業務相匹配，與他們的規模和文化是匹配的，回顧自己企業，就會發現你的業務並不需要那麼複雜的管理制度，他帶來的可能是更多的束縛和更高的成本，這樣一定是適得其反，可以學習，可以借鑑，但絕對不能照搬，學習和借鑑的一定是管理的內在邏輯，不要學習對方的方法，而是學習成功者的方法論，即管理是如何不斷地動態地來適應業務發展的。古人云：淮南為橘，淮北為枳。說的也是這個道理。唯有如此，我們才能找到我們自己的風格，我們自己的特色，也會贏得屬於我們自己的成功。

如果不理解業務與管理之間的內在邏輯關係，很容易將管理做成了管控，出現了一種奇怪的現象，被稱之為「放而不管就亂，管而不理就死」的境地，為了追求業務起量，大膽放權，但是缺乏有效監控，整個組織體系漏洞百出，看到問題了，需要整治，加速集權，業務很快變成一潭死水，沒有一點朝氣，問題出在哪呢？就是出在在管與放之間，沒有完成「理」，事情本身缺乏一個系統的完整的規劃和布局，導致業務混亂，組織功能紊亂等，讓管理陷入為了管理而管理的困境。

(3) 有效的管理一定是簡單的

有效的管理一定是簡單的管理，秉承要事優先的基本原則，在企業經營管理中為了確保管理有效性，我堅持「四不」高壓線：①目標不妥協。目標的制定源自於需求，而目標的達成受制於競爭，圍繞市場需求制定目標，圍繞市場競爭調整資源配置以保障目標達成。目標的制定要下足功夫，但是一旦確定目標，決不妥協，必要時，可以在資源和人才上進行大力調整，堅決維護目標的權威性；②關鍵不放過。關鍵環節和關鍵成功要素上，絕不放過，關鍵關節和關鍵要素是工作成敗的關鍵，有些工作是需要親力親為，至少要聽取彙報，明確打法的；③共識不含糊。達成共識的環節以及共識的內容絕不含糊，認知上沒有達成共識，必然造成在後續的很多事情產生推諉，責任不清，觀點不統一將會受到嚴懲，在達成共識過程中，可以盡情的表達不同觀點，而且是必須的，也是有益的，如果在達成共識的過程中沒有充分表達自己觀點，而在時候去按照非共識的個人觀點行事，即使取得預期成果也將難以獲得很好評價。即使在過程中定期的溝通和探討中，動態調整的機制也是必須的。④定位不搖擺。公司定位、部門定位以及個人的定位，不能搖擺不定，不能含糊不清，更不能留下太多可以商討或者待定的選項，這樣對於執行，對於成效是莫大的傷害。

有序的才是有效的。需要解決的問題永遠都存在，不要看到問題就去著手處理他們，而是要靜下心來看看這個問題緊急嗎？是當下必須要處理的嗎？這個問題處理會衍生哪些問題，這個問題要能夠處理妥當還需要哪些前提條件？管理不過是在時間和空間上資源配置以尋求效率最優化的一系列活動；管理不過是結構與節奏的把控，清楚做哪些有價值的事情，並且在合適的時間去做；管理不過是在重要和緊急之間做出權衡。在管理中最怕的一點就是管理者想到什麼就立刻安排下屬去做什麼，下屬搞不清楚為什麼要做這個，或者說為什麼這個時間段做這個，管理者本人也不知道，只知道這是個問題。如果是這樣的話，整個企業或者部門哪怕某具體的專案，都會很混亂，沒有章法，必然會產生錯亂。因此，對於要處理的問題，學會分層分類思考，格物致知，讓每一件事情都事出有因，能夠很好地定性繼而定量的來做分析。

(4) 有效的管理離不開優秀的管理者

按照杜拉克的觀點，對績效負責的都是管理者，但是，從企業目前的實踐來看，管理者更多是擁有一定的職權的領導職位人員，他們的卓有成效至關重要。

身為一個管理者，你沒有時間也沒有精力做好所有事情，你的任務就是分配工作、協調資源。對於知識型員工的管理，重點在於你要向他全面解釋清楚，為什麼和做什麼（時間、程度、樣式），至於怎麼做，用什麼方式全權交給他，如果他有不懂的或者不清楚，可以第一時間來尋求幫助，並給予及時的幫助和支持。

身為一個管理者，你要懂得哪些是要事和哪些是次要的，這樣才能做到要事優先，對於很多沒有先例的事項，你要做好模範和標準，對於難以完成的工作，你要做好榜樣和表率。

身為一個管理者，你要懂你的上級有什麼特長、你的下級有什麼特長，並將兩者的特長圍繞著任務進行有機組合，結合自身的努力發揮出應有的價值

身為一個管理者，你要懂得贏得下級的尊重，方式一般有兩種，第一專業技術上要征服，讓他心悅誠服，第二就是人品情商要征服，依靠你處理事情的成熟度讓他配合，甚至於要成為心靈導師，做好服務，協助下屬成長。

身為一個管理者，你一定要加強溝通，沒有事情是溝通解決不了的，只要勤於溝通善於溝通，溝通的方式在方法上一定要把握好，對於工作上的事情，溝通就要一板一眼，強調原則性和組織紀律性，嚴格維護組織倫理，對於非工作上的事情，溝通就要隨意和放鬆，別擺主管架子，會招致反感，而要能夠跟大家平和相處。但是兩者的界限一定要分清楚，不做高冷主管，讓人敬而遠之，也不可毫無原則。

身為一個管理者，你一定要卓有成效，卓有成效是可以學會的，因此我們也要知道成長是一個過程，你要給下屬時間，也學會給自己時間，坦然面對失敗和挫折。

身為一個管理者，你要有效決策，在掌握足夠的資訊時，你要果敢堅毅，在資訊不足時，你要善於授權，不要打腫臉充胖子。

身為一個管理者，你要有全域觀，知道重點和非重點，並將資源和精力聚焦，學會放權和授權，學會給予機會，並透過一系列的舉措和方式，來營造一種氛圍，讓下屬在這種氛圍中自動自發地做好自己該做的，而不是監管和盯著不放。

在新經濟時代，卓有成效的管理者角色要發生極大的變化，要從「指令和管理」向「教練和賦能」、從「管控和要求」向「服務和支持」轉變，讓員工成長才是身為管理者最大的成就，也是對組織極大的貢獻，而不是在乎你自己有多能幹。

3. 管理，只有真知，方可灼見

管理必須要令行禁止，管理必須要有權威性。要維護管理的權威性，必須讓管理本身具有權威性，何為權威，權是被賦予，威是被認同。巴納德認為的權威觀認為，只有得到被管理者的認可，方可存在權威。這種觀點尤其適合當下的時代。

管理的權威性，來自於合法性和合理性。如何才能做到合理合法呢？主要是展現在管理規則和制度制定上，本人認為任何管理制度制定都應當遵守三個基本準則：同理心、專業性和實用性。

☞ **同理心：深入調查、設身處地**

真相總是潛伏在全面探究的最後，而非之初。在沒有獲知事情真相，切不可輕易發表評論和觀點，在各種網站上，我們注意到很多人很容易站在道德制高點，對支離破碎的新聞，發表長篇大論，言論自由本無錯，但是在沒有了解事情全面資訊和真相之前，過早下定論難免會有所偏頗。很多時候，會隨著事情資訊一點點地披露，劇情會出現驚人的反轉。這種現象在管理上也會存在。用我喜歡的一句話來說，就是「你所看到的不過是現象，而不是本質；你所聽到不過是觀點，而不是事實」。因此，我們在制定政策和制度時，能否具有同理心，關鍵要看我們能否深入一線、深入現場，不要片面的、基於離散的訊息制定關於「民生」的大政策。

同理心最基本的要能夠換位思考，可是換位思考其實沒有那麼簡單，要想知道他人想法，最好的辦法是深入現場，而不是所謂的設身處地。如果不去深入了解，那麼我們離真相注定還有很遠。

☞ **專業性：完成專業的系統思考**

理論源於實踐，高於實踐。沒有革命的理論就不會有革命的運動。專業性是在制定政策和解決方案時所必須具備的基礎條件，必須要有系統思考能力。業務追求並鼓勵大膽試錯，但是管理卻不同，管理一定要圍繞需要，以專業技能為支撐。以專案管理和績效管理為例，讓一個不懂專案管理的人，他會更多關注任務，而不能夠將任務和人進行有機結合，把「5W2H」（when＝什麼時候做，what＝要做什麼，where＝在哪裡做，who＝誰來做，why＝做事的動機是什麼，how＝以何種方式來做，how much＝預算成本是多少。）通通考慮進去。如果僅按照績效考核的思維來解決績效管理的問題，就會把績效管理的系統工作，做成了績效指標和指標評價上，而忽視績效計畫與績效回饋等環節的作用，更難以將績效管理與薪酬、晉升以及培訓和員工關係等通盤考慮。

專業性，從來都不應當只是點上思考與解決問題，而是要線上思考、面上解決，追求體系效率。專業性，不僅是深度與廣度問題，更是角度問題。企業面對錯綜複雜、千絲萬縷的問題，要學會尋求專業幫助，善用專業資源和外腦是一條非常有效的捷徑。

☞ **實用性：上下求索、左右論證**

政策和制度的制定不是繡花，而是要落地執行，需要上下求索，聽聽主管的想法，體察一下員工的聲音，這樣才能為你的論點提供充足的論據，你要相信，智慧在民間，潛能並非來自於數據，而是那些被壓抑的思想。企業管理者只需要去傾聽，而不是做繁雜的數據分析，需要管理人員和政策制定人員能夠深入群眾一線，而不是高高在上、故弄玄虛，同時還要左右論證，檢驗政策和制度的潛在正面或負面影響，以此來優化你的方案。

任何問題的解決從來都不是單執行緒的，就拿薪酬方案制定來說，要保障實用性，是要牽扯多方面的問題，比如歷史遺留問題、業務發展問題、企業文化問題和人員結構問題等，涉及人員特性、資歷新老、職位角色、能力強弱、薪資高低、職位大小、工作難易、業績優劣等交織在一起，機制設計的不合理，就容易產生各種衝突。因此，在沒有經過系統論證的政策和方案是不能輕易釋出的，任何制度都不能自以為是，更不能倉促草率，而是要深思熟慮，更需要反覆驗證的，在正式釋出之前，形成初稿，不斷修改和完善，這樣才是明智之舉，企業發展要快，但是政策制定不能一味求快，企業越是要快發展，政策和制度，以及模式等更需要細思考、慢思考。

總之，只有政策和制度具有「合理性」和「合法性」，才能保證其權威性和嚴肅性。企業管理者要堅信：(1) 答案就在現場，深入現場，細緻調研；(2) 要有專業性，能夠概念化、通用化、通俗化，能夠舉一反三；(3) 制定政策過程要能夠上下求索，左右驗證，保有同理心；(4) 學會換位思考，更要深入調查，資訊的多寡以及基於資訊的分析能力強弱，決定了方案的適用性；(5) 要抓住問題背後的問題，洞悉本質，既要考慮問題解決，又要兼顧後續影響。所以，對於一個管理者來說，要想自己卓有成效，必須要問一下自己：問題的真相和來龍去脈真的了解嗎？這個問題的解決方案真的能夠被接受嗎？這樣解決問題會有哪些潛在的問題？這個方案的適用邊界在哪裡？諸如此類問題，多問自己幾個，行動才能更加精準和高效。

專案化管理的未來趨勢

當以全球化、大數據、行動網際網路等新趨勢和技術為標準的網際網路時代，模糊決策、應對複雜、迭代進化以及速度致勝成為這個時代組織發展的必然需求。碎片化決策、柔性化組織和賦能化管理對新時代管理提出了更高的要求，要說有一種管理機制能夠應對，唯有專案化管理方能實現。

1. 源於專案管理，高於專案管理

專案化管理思想源自於專案管理，但是其邊界和範疇與專案管理大不相同。專案管理是將資源圍繞一個具體目標進行整合的過程，最早應用於工程專案的過程管理，作為一次性產品系統化管理工具，包含「四

控三管一協調」，「四控」，即進度控制、品質控制、成本控制、變更控制，「三管」，即合約管理、安全管理和檔案管理，「一協調」，即溝通與協調多方關係。這種系統的管理工具被逐漸引用到企業經營管理的多個方面，在企業的產品研發方面和工業品行銷方面應用最為廣泛。然而，這種專案管理應用依然有其局限性，僅在區域性帶來較高的效率，並沒有形成整體效率。

未來，隨著個性化產品的不斷成長，多品種、小量和多規格的產品逐漸占據主導地位，標準化和非標準品的比重也隨之不斷向非標準品傾斜，這種不斷個性化的產品，具有典型的批次性，展現為專案化的運作特點，原來科層制組織模式下的大規模製造將會受到極大的衝擊，在企業經營中，我們越來越感覺到，只有以變才能應變，透過組織資源快速整合和動態變化才能迎合客戶的不斷變化的需求，貫穿組織「研、產、供、銷、服」的資源協同要求越來越緊迫，組織資源整合的快速變化是無法也不能透過不斷調整組織架構來實現的，因此，一定要在管理方式上尋求突破，這個管理方法的迫切需求，正是對專案化管理的需求。

專案化管理將大幅度延伸專案管理的範疇和邊界，將其充分應用於組織內部的各個關聯環節，並作為重要的策略落實工具，透過專案化管理，有機地調整組織多專業技能和功能模組，服務於同一組織目標，建構和形成強大的體系能力。隨著專案化管理的全面應用，人才建設、人才賦能以及組織扁平化等將隨之發生改變。

專案化管理思維，就是要將打通客戶需求到客戶滿足的全過程，建立起緊密關聯的價值創造閉環，資源配置的有效性得到保證，資源投入的方向也會更加明確，價值創造的單元會更加明顯和突出，對於支持部門和管理部門也可以更加清晰的評價和評估價值創造，授權與賦能也會根據專案化管理的關鍵環節需要進行針對性配置。專案化管理會將組織建設得更為扁平化和流程化，專案化管理不同於過去行政命令式管理，專案化管理強調的是橫向協同，而不是縱向管控。如果沒有完成專案化管理的企業，試圖推行扁平化組織架構幾乎是不可能的，那種所謂的扁平化只不過是簡單的去中層化，這種去掉關鍵樞紐的做法，可能帶來組織策略層面的空位，效果必將不如預期，後果甚至不堪設想。

總之，專案化管理是體系性的、跨專業跨職能的，同時，也是動態的、柔性的組織資源整合方式，是企業未來不得不面對，也是必須學會的管理方法。

2. 打通端到端的客戶交付

杜拉克說，管理要卓有成效。其中「效」就是成果，不但要有效率，更要有效能，也就是既要把事情做正確，更要做正確的事情。卓有成效強調成果導向，而成果只在企業外部，因此，成果導向必然客戶導向，不斷的創造客戶並滿足客戶。

西奧多．萊維特（Theodore Levitt）認為，客戶要的是孔，不是鑽頭。說的就是要滿足客戶深層的需求，完成終極的客戶交付。專案化管理就是要透過打通端到端的資源整合，實現客戶的價值交付，準確來說，從客戶需求的挖掘到最終客戶價值交付的全過程，透過有組織、有計畫的一系列行動來實現，形成貫穿企業內外部，打通資源整合鏈各個環節的管理模式。客戶需求成為集結號，從客戶出發，資訊像電流一樣穿梭於每一個環節，持續動態的互動。

因此，圍繞客戶價值交付的專案化管理具有以下幾點特徵：

☞ **開放性：客戶參與度會大幅度提高**

客戶將被視為一種重要的策略性資源，客戶將參與價值創造的各個環節，比如研發環節、設計環節、製造環節和品牌推廣環節等等，專案化管理體系必將是一個開發的系統，每一個環節都留有客戶參與的介面，並且價值創造的過程將更加透明。必將打破過去那種基於控制導向的流程管理，到處設定紅綠燈的做法，而是有更多介面和更多窗戶的流程。

☞ **系統性：業務和管理要高度融合**

業務和管理原本就應該是一體的，然而基於分工合作的發展，將業務和管理逐漸分離，業務逐漸變成了操作單元，而管理逐漸變成了標準（規則）制定單元，由於資訊不對等和對於具體問題理解上的差異，業務和管理的分離導致業務和管理的背離，產生管理過度或管理不足等現象，制約業務發展，透過專案化管理，一方面讓集分權變得更為容易，在哪些環節集權，在哪些環節分權，都有了清晰的準則和要求，另一方面，管理資源會隨著業務發展的節奏變化而變化，動態性會越來越強。

☞ **生態性：組織的範疇將包含企業內外部**

客戶並不關心你是如何實現的，而是關心你實現了沒有，以及客戶的體驗如何。如何實現將只是企業的事情，如果將目標鎖定在企業內部的現有資源，顯然，這是不夠的，你需要整合更多的資源，這些資源分布在不同的企業裡，專案化管理就是要圍繞客戶交付，形成多種資源的匯入，建構一個完成的客戶價值創造系統和組織生態，組織不再局限在某個企業，而是一個範疇更廣的概念，是所有利益相關者的集合，這些資源的集合卻又是永遠圍繞價值創造這個核心主題的，不創造價值的資源會被自然過濾，剩下的必然是精華。

3. 成果導向，讓價值評價不再困難

管理要為績效負責，那麼績效評價必然就是不可或缺，績效管理分為三個循環，包括價值創造－價值評價－價值分配。對於任何管理體系和組織，價值評價是進行價值分配的基礎，評價的不科學與不合理將必然會造成分配的不公平。絕對的公平是沒有的，但是如何讓責權利盡可能的對等，就必須要讓績效評價有據可依，讓被評價者信服和更好的接受。

在職場上有一個奇怪的現象就是每個人都覺得自己付出的比別人多，理應得到更多的回報，也會認為別人所得超過了他／她的付出，別人不應該獲得那麼高的回報，結果就會出現這樣一種現象，就是將每個人認為自己得到的總和加起來往往是大於可以分配的總額，另外，往往會產生各種不公平的感覺。過去，員工的表現更多依賴上級領導者對員工的主觀評價，這種評價雖然有一定的合理性，但是容易受到月暈效應、近因效應等影響，造成不合理和不公平的存在，因此，大量引用國外的績效管理辦法，諸如 KPI、360 度評價、EVA、BSC、OKR 等考核評價辦法，這些績效考核辦法在企業實施中，依然會存在著指標設定難以客觀評價員工貢獻的問題，為此，根據本人在管理實踐中的經驗，認為績效評價要簡單，簡單不等於粗放，一定要結果導向（包含階段性結果），這種結果導向強調產出與收入之間的關係，即你為公司創造的價值越大，你獲得的回報就應該越多，如何評價你創造的價值呢？更準確地說，價值是透過什麼方式來創造的呢？現如今價值的創造不再依靠某個人，更多是依靠團隊的形式，即透過團隊的合作實現價值創造。確定每一個環節在最終的價值產出中的占比來確定其價值創造的大小。換句話

說，你參與了哪個環節，並作出了什麼貢獻，並以此貢獻的大小來確定你獲得回報的大小。

4. 有效推進知識管理，啟用人才實現賦能

在網際網路時代，人才越來越不依賴於組織，而組織卻越來越需要人才，人才選擇進入某個組織，一定是透過企業的平臺，發揮出遠遠超過個人能力範疇的事業成就，這樣企業組織對人才才具有吸引力，否則，人才是沒有動力加入某個組織的，而是選擇創業。

這就要求企業能夠具備啟用人才，實現人才賦能，創造出遠大於個人能力範疇的績效，而要實現賦能，必須具備三個基本要素：1. 平臺化的組織體系；2. 專業化的知識管理；3. 協同化的管理機制。其中，平臺化組織體系是組織模式範疇的概念，協同化管理機制是管理模式範疇的概念，而專業化知識管理是一個廣泛的概念，必須要有具體的落腳點，這個落腳點就是專案化管理。透過專案化管理，以結果為導向，以具體工具和方法論的應用，形成知識沉澱和知識累積。知識絕對不是管理階層構想出來的，而是要源自於一線實踐歸納總結出來的，透過歸納總結將無形的個人經驗轉變為有形的、可供分享的知識管理體系。

應用好專案化管理，新引進人才的培養和培訓會變得簡單很多，過去那種師傅帶徒弟的做法將會永遠丟進歷史的垃圾桶，取而代之的是正規的培訓體系，過去那種由培訓部門組織的培訓計畫性會被負責知識管理的部門，透過需要進行拉動式培訓所取代。從我個人的培訓經歷來看，面對解決問題的顧問式培訓和諮商式培訓越來越多，對培訓師的挑戰更大，但是企業會更加收益，培訓也會更加有效。

5. 融合計畫與變化，聚焦關鍵

一個企業最怕的是日益僵化的體系和逐漸遠離市場的組織，要想遠離「大企業病」，個人認為最好的方法依然是專案化管理體系，以及與之相匹配的管理機制。企業管理階層不可能有足夠的精力關注企業經營的所有方面，透過專案化管理，可以將業務流程化和規範化，將有限的精力用於關鍵環節，才能更加有效。

專案化管理是直接面對客戶和市場競爭的，能夠保持對客戶和市場的高度敏感性，透過對市場的快速回饋，企業管理層可以將精力聚焦在變化上，比如說那些意外的成功或者說意外的失敗，這些帶有趨勢性變化的種子訊息，在原有的管理模式中可能被淹沒在浩瀚的日常事務中，但是，按照專案化管理的方法來，這些變化就會顯得異常醒目，也會很容易進入管理者的視野，併成為分析和研究的對象。

另外，用好專案化管理工具，可以逐漸的將變化轉變為計劃的一部分，有利於組織持續形成知識積澱，逐漸形成自己的最佳實踐，形成一種企業獨特競爭力。

第八章

文化轉型是頂層設計方法論的表現

《系統思維》(*Managing Chaos and Complexity*) 一書中提出：「如果DNA是生物系統的圖景來源的話，那麼，文化（共享圖景）就是社會文化系統未來形態的藍圖之源。這個未來的圖景提供了所有決策的預設值，是變革過程的中心。」企業文化是組織的DNA，是引導企業成為某種樣子的內在邏輯。企業文化表現為一種價值觀和行為方式，是是非對錯的評判標準。企業文化是血脈，是貫穿企業經營全過程的一種無形存在。

文化轉型是頂層設計方法論的表現，然而，變革最大的敵人是既有的文化基礎和慣性思維，文化轉型是企業基因再造的過程，必然是一次痛苦的覺悟和徹底的反思。

文化：精神品質與行為方式

企業文化不是熱情澎湃的標語口號，也不是裝訂精美的宣傳手冊，更不是企業老闆在大會小會所宣傳的名言警句，企業文化是企業全體員工廣泛認可的精神品質和行為方式，能夠切實落實執行的價值觀念和行為準則，正如馬克斯．韋伯（Max Weber）所言：「任何一項事業背後，必須存在一種無形的精神力量」。企業文化是無形的，但是又切實影響到組織中每一個人的行為和處事方式。企業文化是企業組織的群體習慣，對內能夠造成整合，形成一致的價值認同和思維方式，對外能夠透過員工的行為方式，形成差異化的品牌認知。

1. 企業家基因左右文化的總體方向

斯隆在《我在通用汽車的歲月》中提到：「他們（企業家）是將自己的性格、天分作為一種主觀因素灌輸至企業的營運之中，而不是從方法和目標上講求管理的規律。」企業是企業家人為創造出來的一種「生物」，一旦創立出來就按照一定的客觀規律在發展，有著自己的追求，這種追求更多是股東（更多是企業家）追求的集合或者縮影，企業家為企業注入的是企業成長的基因，可以說，企業就是企業家的一個影子。因此，企業家的個人格局對於企業的發展和企業文化建設至關重要。

企業家作為企業的權力核心，影響著企業經營的各方面，企業家的心智模式和個人格局形成了組織特定的文化氛圍和行事準則。我們從兩個維度來審視企業家基因。

(1) 企業家的職業出身

企業家的職業出身類型大體分為三類，分別是技術專家出身，商業強人出身和管理達人出身。三種不同的職業出身的行為模式是存在著較大的區別的。

技術專家出身的企業家，大多屬於典型的技術控，往往對技術或者專業有一股鑽研精神，對產品技術有著獨到的理解和獨特的情感，天然具有技術偏好和產品情結，往往會追求專業上的完美主義，渴求細節，強調產品的技術品味，崇尚工匠精神，這會無形中促使企業的經營重心向技術環節傾斜。

商業強人出身的企業家，大多會表現出極強的商業嗅覺和市場洞察力，對於市場機會極其敏感，對於規模和利潤的追求表現出極強的「嗜血」本性，企業規模是經營的主旋律，工作重心在於發現與捕捉機會，目標短期化，不太注重管理能力建設和策略規劃，定位和方向的不確定性，容易把機會導向做成機會主義，賭徒心態和功利主義是這類企業家的主要特徵。

管理達人出身的企業家，是平衡感和節奏感最好的一類企業家，是融合感性和理性於一體的企業家，善於指明方向，善於與人交際和整合資源，善於洞悉人性和經營人心，在管理達人型企業家周圍不乏精兵強將，相互之間也總是能夠相得益彰，這類型的企業家典範如 IBM 的郭士納、GE 的傑克．威爾許等。

技術專家出身的企業家，典型的重文輕武，企業的張力和爆發力不足，容易把企業越做越緊，陷入產品導向的經營惡性循環，有技術沒市場的尷尬境地。商業強人出身的企業家，典型的重武輕文，企業的耐力和凝聚力不足，企業容易越做越散，關注活在當下，很多卻始終奔走在生存的邊緣。管理達人出身的企業家，可謂是文武兼備，擅長團隊打天下和整合贏江山，懂得取捨，張弛有度。

(2) 企業家的經營理念

企業家的經營理念，按照「內外部－集分權」兩個細分維度來看，形成四象限，分別是穩健型企業家（外部機會－集權）、開拓型企業家（外部機會－分權）、內斂型企業家（內部能力－集權）和啟用型企業家（內部能力－分權）。

穩健型企業家，關注外部機會，卻始終把權力集中在少數人手中，試圖在掌握機會的同時，確保風險的管控。這類企業家會確保企業的發展始終在自己規劃的藍圖中前行，更多強調的是組織執行力，而不是創新力。

開拓型企業家，關注外部機會，勇於放權，這類企業家相信只要把利益機制設計好，大膽任用人才，利用人才的專業特長去應對市場，把握機會。這類企業家關注大方向和大格局，擅長謀劃商業模式和公司策略，在組織方面，會主動地把總部和後臺建設成為平臺，建設成為資源保障中心、管理服務中心，在關鍵環節適度管控即可，這類企業家在新型的創業內公司較為多見。

內斂型企業家，習慣於在看得見、摸得著的地方投入，同時又會將權力牢牢的集中在自己手中，風險管控成為其經營的主旋律，可以不作為，但是不能有閃失，任何制度的建設和方案的制定都要經手，對於管理有著較為系統的理解，但是在打通管理與業務之間，存在著很多難以突破的困難點。

啟用型企業家，企業內部活力是其關注的焦點，企業內部的拆分和組合較為頻繁，組織結構的調整和變化成為常態，關注組織能力，對於組織形式不會太在意，對於人員的能力與權力的匹配度要求較高。

穩健型企業家所管理的企業像是一支軍隊，攻城拔寨是目標，但是各兵種之間的角色清晰，職責明確，號令統一。開拓型企業家所管理的企業像是一支網球隊，每個成員都要適應隊友的個性、技能和長處以及弱點，互相補位，變化無常。內斂型企業家所管理的企業則像一支樂隊，每個成員都有固定的位置，各司其職，步調一致，按照統一的指令行事。啟用型企業家所管理的企業則更像是一支足球隊，每個人都有相對固定的位置，但是整支隊伍卻是整體移動組合、隨時變化攻防節奏。

2. 文化要傳承創新，更需落地生根

企業文化該如何建設？我認為企業文化不是固定的形式，而是要能夠在傳承中創新，在創新中傳承。傳承什麼，又要創新什麼呢？傳承的是傳統文化中優良的元素，傳承的是企業成長歷程中光輝的事蹟，傳承的是支撐企業發展的精神動力，傳承的是經營策略要求的經營導向；創新的是網際網路時代的思維模式，創新的是網際網路時代的管理模式，創新的是網際網路時代的合作方式，創新的是網際網路時代的價值追求。沒有傳承就沒有根基，沒有創新就沒有活力，文化一定是活水，既要源遠流長，又要與時俱進。

無論傳承還是創新，文化都要落地生根，最終作用在企業全體成員身上。但是現實卻不那麼樂觀，很多企業老闆抱怨，現在的年輕人很難管，想法太多，對組織的忠誠度太低。這些企業家把年輕一代的想法和做法，看成是對組織倫理的挑戰，在我看來，這些企業家自身的理念需要重新整理。這個時候，我都會直言不諱地告訴他們，新時代知識型員工的管理是一個新時代大命題，然而，從他們的苦惱和描述來看，他們還在沿用過去的思想在管理現在的員工，已經落伍了。

☞ 建立網際網路時代的契約精神

在工業時代，透過科學管理，讓體力勞動者效率提升了 50 倍，但是在新經濟時代，是人才資本時代，也是人才主權的時代，知識工作者要提升的不僅僅是效率，更多是效能，且效能所帶來的價值提升往往是難以簡單計量的。

你不能夠用管理機器的思維來管理充滿創意的知識工作者，你不能要求員工像個軍人那樣「服從命令聽指揮」，更不能要求員工像個機器一

樣「輸入命令、執行動作」的機械化動作，而是要激發他們的內在驅動力，而不是驅使他們做你認為重要的事情，或者說要他們按照你的想法做事，這個是很難的，你要學會放手，從一個管理者的角度轉變為一個領導者和服務者的角度來思考，以契約精神為前提，以結果為導向，透過使命感和責任感來激發他們的熱情。對於知識型員工，你只需要告訴他們「為什麼」和「做什麼」，並不需要你干涉「怎麼做」，在怎麼做上提供必要的支持和幫助，時髦一點的說法叫做「賦能」，持續讓他們獲得成就感和樂趣，那麼他們的積極性就會被激發出來，並且管理本身也就變得輕鬆。

如果說現在的員工太狂妄，太難管，不夠忠誠，其實大錯特錯。知識型員工不是沒有忠誠度，不過，他們忠誠的不是組織或某個人，他們忠誠的是他們認為值得為之付出的職業和事業。知識型員工願意承擔責任，勇於表達自己的想法，這是社會進步、人性獨立和解放的一種表現，是積極的訊號，也是一種社會趨勢和潮流。

☞ 平等對待與共創共識

馬斯洛需求理論認為，人的需求分為五個層次，分別是生理需求、安全需求、社交需求、尊重需求和自我實現需求，其中生理需求屬最低一級，自我實現需求為最高一級。上一代人是從「生理需求」開始進階，而這一代人由於具備一定的專業素養和經濟基礎，具有更多選擇權和自由度，需求從第三層級「社交需求」開始起步，這對於過去的管理方式完全是跳躍式跨越，金錢的刺激帶來的重要性遠小於過去了，取而代之更多關注的是精神層面的訴求。

新時代的知識型員工，有著獨立的自我意識和想法，提倡自由、平等、分享的網際網路精神，他們不甘聽命於別人的管理，也不僅要參與管理，更多是要自我管理。他們並不在乎老闆會怎麼想，而是在乎老闆的想法和自己的想法是否一致，並且在乎多大程度上參與了規則的制定。所以說，企業老闆要繼續保持家長制所獲取的特權，大搞「一言堂」，是很難與新型員工相處的，更難以聚集優秀的人才梯隊，員工的想法會多到你抓不住他們，最後留在老闆身邊的要麼是「得過且過」的庸才，唯唯諾諾，要麼是「行銷老闆」能力超強的歪才，多「和珅」而少「紀曉嵐」。

在網際網路時代，「火車跑得快，全靠車頭帶」的火車頭理論會被取代，每一節車廂都有發動機，速度會成倍提高。崇尚「火車頭理論」的企業家特權地位和唯我獨尊的權力意識會滋生官僚主義，要知道絕對的權利導致絕對的腐敗，這種腐敗不僅僅是財富上的，更多是精神上的。

☞ 激發活力更需要共擔共享

新時代知識型員工創造價值主要靠腦袋，不同於體力工作者創造價值靠雙手，你可以嚴格要求雙手的工作標準，但是你永遠也沒有辦法和明確標準來要求一個人的大腦工作方式。這恐怕就是知識工作者與體力工作者最大的區別。「胡蘿蔔＋棒子」的管理手段對於體力工作者會有一定作用，但是對於知識工作者，你的這點伎倆太容易識破，也會最終證明這種簡單粗暴的管理手段的無效性。

知識型員工高效的執行力絕對不是來自於高壓政策下的機械運動，而是源自於工作的樂趣和成就感，考核體系要更全面更系統，更加關注員工成長，讓員工從工作中找到人生的樂趣，要讓工作本身有意義，工作不僅是養家餬口，更是某種社會責任的展現，在現在的努力中得到物質與精神滿足，在未來的憧憬中看到希望。做到這樣的管理所形成的文化才是健康的，心靈雞湯是不能喝一輩子的，必須發自內心的驅動力才可以持久。因此，放棄高壓政策和管控思想，取而代之的是與知識型員工達成聯盟關係，透過建立起事業合夥人的機制，在明規則下，啟用人才，共擔企業經營風險，共享企業價值回報，「手牽手」向前走。

當一部分人占有資源而對另一部分人形成管控，就會產生競爭，形成對立和衝突。新時代下員工與企業之間的勞資衝突，或者說員工不高興拍拍屁股就走人，並非因為管理制度的不健全，也不會因為薪資水準低，而是你的文化中缺少他們希望的尊重、平等、分享和參與的理念認知，要知道對於優秀人才，關心的是能否平等的、按照價值創造，獲取對等回報的機制和文化。只有主角的地位，才有主角的精神，企業老闆試圖透過高壓管控的方式來推銷企業老闆自己思想的做法，注定是難以奏效的。

3. 文化建設，知難而進

企業文化建設沒那麼簡單！企業文化建設過程中要來自於多個方面的持續衝擊和考驗。

首先，七年級、八年級員工如何管理的時代命題，這一代人是網際網路原住民，資訊靈通，見多識廣，他們渴望被領導，但是不希望被管理，充滿責任感和正義感，喜歡娛樂精神，不拘小節，充滿表達欲望，關注存在感，內心孤獨，渴望交流和被認可，創新意識強烈，有理想抱負，又非常理性務實，對感興趣的事情可以徹夜不眠，如盛開的花朵，對不感興趣的事情，充耳不聞，如霜打的枯葉。面對這樣一群充滿矛盾感和衝突感的新生代員工，怎麼管理，用什麼文化引導呢？如果不能在精神層面產生共鳴，在價值觀層面產生共識，再美妙的企業文化宣傳口號都是無效的，然而，追求精神引領和價值觀契合，需要更富魅力的領導，這對於企業家提出了更大的挑戰。

其次，內部不同層級、不同專業人員、不同年齡結構人員的思維模式統一。不同層級的人員由於不同的職業定位，形成不同的思維方式，可謂是「屁股決定腦袋」，企業的高層就像自然界的「雄鷹」，站得高，看得遠，具有強於普通員工的商業敏感和職業化水準，他們更為關注企業的經營方向，能夠高瞻遠矚地把握事情的走向，要求具備更高的概念化能力；企業的中基層就像自然界的「走獸」，強調執行，腳踏實地和按部就班，對於事務性工作更為敏感，對工具和方法的應用更專業，能夠將事情高效率的完成，要求具備較高的執行力，是這一群體的特質和要求。不同的視角決定了高中基層對事情的理解上容易產生不同的想法，高層致力於讓企業做正確的事情，中層致力於將事情做正確，而基層則致力於正確的做事。高層關注策略，為企業未來的資源配置承擔責任，中層關注戰術，為現實的經營業績和市場需求提供支持，基層關注執行，負責事情完成的效率。這是組織進化到當代商業社會分工的必然，這本身是合理的，但是高中基層由於不同的位置，往往造成不同的語言體系和思維方式，高層的思路不被中基層接受，中基層的辛勞不被高層所認同。不同的立場帶來不同的工作和生活理念，繼而造成對於經營和文化的認知上的差異。還有就是研發人員的專業思考與行銷人員的客戶思維，製造人員的計畫思維，在某種程度上約束了這些專業人員對待問題的態度，對於同樣的觀點，產生不同的理解是經常出現的，也是造成跨部門溝通和協調難題的關鍵所在。另外，年齡結構的差異也是一種必須要正視的問題，年齡是什麼？不僅僅是歲月的堆積，更多是閱歷的沉澱和經歷的磨練，年齡越大越沉穩，但是也會更加保守和更多顧慮，年輕人衝勁比較大，但是不畏懼權威。年齡的代溝會越來越寬，如何在代溝之間牽線搭橋，代際之間和層級之間形成文化共識和管理共振著實沒那麼容易。

再次，業務變化與結構調整帶來的衝擊以及組織結構調整帶來的影響。企業發展的一般邏輯都是要經歷從小到大，從弱到強的過程，在這種過程中，企業成長的路徑一般有兩個：一個是透過組織的內生式擴張，在核心能力的基礎上不斷擴大企業的經營範圍，從單一化向相關多元化，再走向不相關多元化的發展歷程。另一個是透過企業併購手段，收購相關企業來迅速擴大企業的經營版圖，無論是那種成長方式，都是要引進新的業務單元和人才梯隊，新的業務單元需要新的處理事務的方式，業務模式的差異造成管理模式的不同，繼而形成文化差異，因此在進行文化建設過程中，形成能夠具有統一核心思想，有能相容並包的文化是具有極大的難度的，需要對新加入的文化或者原有文化內涵做出改變或者調整，這必將是一個痛苦而艱難的過程。另外，組織結構變革會帶來一段時間內組織秩序的紊亂，而越是在動盪和變化中，越是展現文化和建設文化的關鍵時候，關鍵時刻才展現價值觀和使命的力量。

☞ 企業文化建設宜早不宜遲

企業文化建設什麼時候開始？很多老闆會說，等到企業具有一定規模了再說，這樣想就會比較麻煩。當人員團隊超過 100 人，再去建設企業文化，就會感覺力不從心，人員都認不清，連名字都不知道，又如何在文化上產生共鳴呢？所以說，文化建設一定要趁早。

☞ **企業文化建設不追求完美**

企業文化建設不要急於求成，更不能追求完美。源於幾個客觀的原因，第一個就是老闆的不定期「內分泌失調」，在複雜的市場環境中，企業家普遍缺乏安全感，企業的業務發展的快與慢都會刺激老闆的神經，由外部環境的導致的業績變化，不斷刺激企業家的神經，導致企業老闆一定程度的價值觀混亂和「內分泌失調」是一種常態，需要在目標一致，在方式方法上切不可苛求老闆該如何。第二個是專業經理人體系的不健全，國內專業經理人的成長時間相比於有著幾百年歷史的西方發達經濟體下的專業經理人，有著巨大的差距，這是不爭的事實。但是，企業尤其是大量的本土中小企業不可能靠引進「外援」來支撐企業，大量使用「本土球員」是必然的選擇，需要因材施教，有教無類。第三個是管理機制和制度的不完善，企業規範化管理制度建設滯後的現實情況，在相當程度上制約了企業策略的落實和人才能力的發揮，在事情和人的問題上沒有梳理清楚，企業文化建設往往是徒勞的，正視這樣的現實，才能夠冷靜地面對組織的一些表層現象問題。鑑於這些客觀原因，企業文化建設更要靈活，不要急於在價值觀層面達成統一，要先從目標統一著手，逐漸過渡到價值觀統一，當然，對於企業價值觀存在直接衝突的員工，是需要在應徵環節設立防火牆的。

☞ **企業文化建設要主題鮮明**

你在企業內部大肆宣傳「共創偉業」、「大展宏圖」之類的詞彙，如果升官發財的都是些溜鬚拍馬、唯唯諾諾之輩，你說得再好聽，都沒人相信。我身為顧問去一家公司做診斷，初期的粗略診斷，我只看三點，第一點，這個企業是如何成長起來的，第二點，這個企業決策機制是什麼樣子的，第三點，就看這個企業核心職位上的人是否具有真功夫。成長歷程決定了這個企業賺錢的道義，坑蒙拐騙、靠政策資源養活，這類企業大多不重視人才，不重視組織更不重視文化，如果這個企業崇尚集體智慧而非「一言堂」，那麼這個企業會有源源不斷的新鮮血液注入，文化會是充滿陽光活力的，如果老闆身邊的核心職位都是高手而不是無能推脫之輩，那麼這個企業的文化一定是積極的。

企業文化建設一定要主題明確，主題一定要簡潔明瞭，不要有太多遐想的空間。我認為，不管怎麼樣，「發展」應該是主題之一，按價值分享發展成功應該是文化建設的重要考量要素之一。

網際網路時代的務實企業文化

企業是營利性的，但是企業文化不能是目的性的，企業文化能夠改變人員的意識形態和心智模式，造成對經營和策略的支撐作用，企業文化要支撐策略的實現，又不能變成經營的附屬，因為功利的文化往往會造成競爭，缺乏精神引領和使命感的組織，是不可能長久的。那麼，在網際網路時代，應該把企業文化建設成什麼樣呢？我想，科技越發展，時代變化越快速，企業的文化越要務實。想法越多，越需要落實，務實的企業文化更加值得推崇。

1. 強調搞定落實，秉承「適度承諾，完全履行」

網際網路時代，是企業家思路被深度啟用的時代，是新概念爆發的時代。然而，理想很豐滿而現實很骨感，企業家談起商業模式和策略時，意氣風發，眉飛色舞，但是說起執行效果，總是存在很多怨言，羞於啟齒。這種落差是什麼原因導致的呢？原因可以列出若干條，歸根結柢是組織能力與策略模式之間巨大的鴻溝，「身體」跟不上「靈魂」是造成迷失和迷茫的根源。

一個高效的企業，一定是波瀾不驚、井然有序的企業，鑼鼓喧天、熱火朝天的大多是形式大於實質，想法多於有效行動的企業。對於一個企業來說，策略性決策更多是高層的責任和職責，方向和思路是執行力的前提，一旦方向確定、思路明確，接下來需要的就是堅定不移的執行。在網際網路時代，很多全新商業模式極其類似，然而成功者卻寥寥可數，成功與不成功之間到底差距在哪呢？借用一個創業家的話來講就是他們有著不一樣的團隊執行力，是他們那種使命必達，面對任務堅決搞定、強力落實的工作作風。成敗關鍵就在於在大方向和大格局下，透過點滴的累積和持之以恆的付出，繼而在「馬拉松」的長跑競爭中逐漸形成差異化和核心競爭力，企業之間的懸殊絕對不是一念之間，而是持續有效付出的成果。

「適度承諾，完全履行」是我在工作和生活中的一貫作風，透過有效落實來保證對生活和工作的掌控力，讓工作和生活變得簡單和高效，這也會讓自己變得更加從容和自信，透過點滴的成長去展望未來的成功。在我本人的管理經歷中，我會在任務和目標確定之後，形成一個切實可行的計畫，而計畫的內容，一定要基於目前人員能力和資源條件的，確保計畫履行的成效。不允許輕易承諾和不切實際的計畫，那種拍著腦袋決策和拍著胸脯保證，而提供的計畫簡單粗糙的做法，在我的工作領域內是很難得到通過和認可的。

企業的策略和商業模式往往是跨度較大，甚至是跳躍式的，但是企業文化，不能隨之浮躁、急躁，過於追求完美的企業文化，是難以保障執行力的。要想執行有力，需要嚴謹的、務實的企業文化作為支撐，樹立「適度承諾，完全履行」的工作作風，理性且冷靜的對待工作過程中的可能遇到的困難，不畏懼困難，也不要低估困難，正確面對困難，就要腳踏實地，一步一個腳印的前行才是走向成功的關鍵。

2. 強調信任共享，秉承「合理授權，充分信任」

在網際網路時代，環境的劇變，沒有人可以預測未來，因此，激發人才的創新活力來創造未來成為企業的最明智選擇，目前，人才是否能夠真正發揮作用，是企業組織文化建設的一大重要課題。

然而在很多公司內部，尤其是創業型公司內部，企業組織體系更加動態，組織邊界更加模糊，人才的流動性強，公司要快速發展，需要不斷吸納不同文化背景，不同專業領域，不同性格的人才，人才高效組合成為團隊，團隊形式會是目前以及未來相當長一段時間的價值創造形式，如何能夠實現高效耦合才是關鍵。斯隆在《我在通用汽車的歲月》中說到「通用汽車採用的是由才華橫溢的個人構成的團隊管理模式」，才華橫溢者必有個性，有個性就很容易產生衝突，消除衝突最好的方式就是信任。然而在很多公司，信任只限於少數幾個人之間或者某個小團隊內部，對於很多創業型公司來說更是如此，組織創業團隊和新進入人才之間的信任問題成為組織倫理的新課題，信任的高低直接決定了交易成本的高低，信任度越高，內部交易成本越低，協同效率越高，組織能力就會越強，反之，得到的就是截然相反的結論。

在華人社會中，信任更多是僅限於熟人或被驗證過的人之間，當公司很多制度不完善，以及制度有效性有待檢驗的情況下，企業規模的持續擴大，新面孔不斷增加，組織內部很容易產生信任危機，信任成為了一種影響組織核心競爭力的重要影響因素。

信任是成員之間或成員與組織之間的一種重要的情感認同，而產生的默契。是人內心深層的東西，卻會透過行為方式表現出來，尤其是在涉及到名利等關鍵事情上表現最為明顯。曾經，我的一個客戶企業資訊部負責人酒後向我坦言，一段時間徹夜難眠，究其原因是一個專案中某個環節欠考慮，擔心領導對其產生的信任會受到影響。這種責任意識讓我敬佩，同時也感受到信任的力量。信任是如此重要，又如此隱藏，需要企業家和領導團隊建立起一種全新的文化認知，培養和強化基於信任的企業文化。

在多年的管理實戰經歷中，個人認為對於信任文化的建設，不是一蹴而就的，也不是靠文化標語和口口相傳的東西，而是身為領導者在關鍵事情上的取捨，我一直倡導開放透明，將涉及相關方利益的關鍵資訊，採用高度分享的姿態，消除內心深處的心理壁壘，同時，建立起公開公平的評價體系，以「合理授權，充分信任」的方式，給予任何一位被賦予特定權力的人以充分的信任，以共識的方式，來進行公開驗證，持續打造出陽光的文化，潛移默化的推進信任扎根。

3. 強調協同合作，秉承「客戶導向，團隊共創」

在網際網路時代，協同合作變得越來越重要，隨著訊息系統打通內部各個職能部門和業務板塊，跨部門的溝通變得超於尋常的頻繁。

在工業經濟時代，職業化更多展現在各司其職的專業性，強調下道工序就是上道工序的客戶，上下道工序之間交接有著明確標準的產出物，在這種產出清晰、邊界明確的情況下，最終的產出成果是每一個環節的疊加，因此，做好份內工作被認為是一種非常職業化的工作作風。但是在網際網路時代，過去被稱之為職業化的工作作風，可能會帶來很多麻煩，比如，關注計畫性，而機動性不足；關注機械性，而有機性不足；關注標準化，而訂製化不足等。員工在過去那種專業化分工和崇尚縱向管控的管理體系下，專業之間或部門之間會形成一個個無形的「金鐘罩」，員工也會下意識撇清一些模糊地帶的工作，在企業內部存在大量的「三不管」地帶，導致企業在面對客戶和競爭要求快速反應和訂製化需求的專案時，就會顯得力不從心、功能銜接不上。很多企業單純從組織架構和功能設定上似乎很完善，但是面對越來越訂製化和非標化產品的回應上，顯得非常的混亂不堪，更多是依靠某個強勢部門的跨部門協調，這是組織不健康的一種表現，協同合作一方面是組織模式需要解決的問題，另一方面就是企業文化需要處理的問題。

當企業開始面對客戶思考問題時，組織架構和企業文化都需要發生根本性逆轉，過去那種崇尚計劃、追求穩定的工作作風會被靈活機動要求所取代，這也是這個時代管理者所面臨一個巨大挑戰，很多事情是沒有辦法提前計劃和規劃的，需要的是團隊作戰、隨機應變和緊密合作。企業文化就需要圍繞客戶價值創造的各個環節要建立起「客戶導向，價值共創」的文化理念，各專業部門能夠各伸出一隻手，積極主動的解決問題，共同創造客戶價值，共享成果。企業要重塑「價值創造－價值評價－價值分配」循環，以最終成果倒推，以最終產出作為衡量和評價員工貢獻大小的基礎，在此基礎上在分析員工個人的專業表現和能力表現，如果不懂得合作，沒有意識到協同合作重要性的員工，專業能力的價值是受到極大限制的。

4. 強調持續創新，秉承「不拘一格，勇於試錯」

網際網路時代，數據技術正在加速、優化和創新企業經營體系，在這過程中，基礎工作正在延續著專業化、標準化、模板化和訊息化的發展路徑，電腦和機器人正在取代人工從事常規性行政事務和大量體力勞動，智力勞動以及創意性工作在短期內難以被電腦替代，換句話說，創意性工作依然有著強大的生命力和職場活力，在我看來，創新文化應當是網際網路時代企業的主流文化。

從企業文化的發展歷程來看，大體分為四個階段，分別是效率型文化、精益型文化、協同型文化和創新性文化。效率型文化崇尚效率，信仰數字，強調透過數字分析，實現合理規劃，並尋求最優的系統效率。效率型文化強調分析對象的機械化特徵，即研究對象的非人化，尤其適用於以生產為主導的經營模式，因此，在第二次世界大戰之後，物資匱乏的外部環境下，生產營運效率的提升是第一位的，這種強調效率的文化便成為當時的主流文化；精益型文化，不但追求效率，更注重效益；協同型文化更加強調合作與協同，要求組織相關職能模組圍繞一個共同的組織目標行動，產銷協同、研銷協同、研產銷協同、主副價值鏈協同，廠商協同等等協同方式；創新型文化鼓勵創新，對試錯和為創新所做出的浪費是包容的，創新型文化更加注重人性的解放，更具有人性關懷，企業為創新搭建體系和建構系統，人才上升到策略的高度，資源圍繞人才的創新來匹配。

網際網路時代，對於企業來說，如不創新，被淘汰知識時間的問題，但是創新是一個不斷試錯的過程，這需要企業有較強的容錯能力和合理的容錯機制。很多企業家大談創新的重要性，但是不能容忍創新失敗的成本，不給創新留足時間和空間，創新型文化的建設也只是一種想法了，創新的代表企業，應該算是 3M 公司，3M 每年有 500 個新產品被開發，每年 35% 的銷售額源自於最近 4 年的新產品，10% 的銷售額來自於過去一年研發出來的新產品，領導者要懂得授權，確定基本規則，讓團隊「不拘一格，勇於試錯」，這要領導者對自己非專業領域少提供先入為主的觀點，把嘴閉上，也要少插手，把手放口袋，放手讓團隊去做事。

第九章

企業轉型更新離不開強而有力的核心團隊

建立強大的核心團隊

沒有人才，再美的商業模式不過是紙上談兵；沒有人才，再好的策略也是空中樓閣；沒有人才，偶然的成功也是曇花一現。人才尤其是核心人才團隊，對於企業的價值往往是不可估量的。羅馬不是一天造成的，強大的核心團隊也是需要時間的淬鍊，才得以不斷成型。只有明確核心團隊的建設方向，才能有序建設出強大的營運團隊，這裡重點談談四支核心團隊。

1. 建立「功能互補、價值共享」的決策團隊

決策團隊是企業經營中最為關鍵的核心團隊，是企業執行的心臟和大腦，是企業經營方略的源頭，決策團隊的水準直接決定了一個企業的品味，直至決定企業的江湖地位。

在企業頂層設計的體系中，決策團隊是對企業方法論體系的形成影響最大，同時又是方法論體系落地執行的關鍵所在。在我從事諮詢和培訓業務時，接觸最多的就是企業的決策團隊成員，透過對他們的思維模式和能力結構的分析，基本上就可以看清這家企業的命運。在這個時代，但凡成功的企業，一定是由一群志同道合、理想遠大的人共同打拚的結果。

那麼，有了這麼一群有理想、有抱負、有格局且志同道合的人，該如何保證這些人能夠具有凝聚力和向心力呢？結合多家企業諮詢和培訓，以及自身在企業中的經營管理經營，著重談幾點：

第一，決策團隊一定要「功能互補」。只有功能互補的團隊，才可能互相欣賞，尤其是對於知識分子，存在典型的「文人相輕」的弊病，如果一個團隊裡面有兩個以上相同專業的人，他們對同一個問題的見解往往是很難統一的，各有各的見解，那麼團隊很容易分崩離析。所以說，「功能互補」才更容易實現目標統一和價值觀統一，彼此需要，才會彼此協同，才能形成化學反應和加強效應，比如，這個團隊中要有會說的，也要有會寫，有擅長行動的，也要有擅長思考的，有精通商務的，也要有精通技術的，有精通經營的，也要有精通管理的。

第二，決策團隊一定要「價值共享」。僅僅功能要互補是不夠的，還需要價值共享，這個團隊一定是事業共同體，然而事業共同體的基礎是利益共同體，基於利益一體化基礎上的長期共識，利益都不統一，談何事業共同體呢？！

第三，決策團隊一定要開誠布公和坦誠想見，避免決策團隊內部形成小團隊，拒絕搞「一言堂」，要勇於「批評和自我批評」，以共同利益追求兄弟情誼，而不是以兄弟情誼追求共同利益，以「公開、公平、公正」換取「共識、共擔、共享」。

2. 建立「不求所有、但求所用」的外協團隊

在企業的核心團隊中，有一股力量非常關鍵，卻又很容易被忽視或者被邊緣化，那就是外包團隊。外包團隊是一支有著自己的業務領域和職業堅守，勇於面對問題，勇於表達專業觀點，他們對於企業來說是一扇窗戶，透過這扇窗戶，一方面可以照亮你的屋子，讓你看到不足，另一方面，可以透過這扇窗戶看到更加壯闊的外部世界。

昇陽公司創始人比爾．喬伊（Bill Joy）曾有一句非常著名的話：「公司外的人才永遠比內部多」，這便是「喬伊定律」。「喬伊定律」認為創新只能在外部。以諮商顧問為例，可謂「一將成名萬骨枯」，一名優秀的諮商顧問是吃百家飯，被千人「虐待」過的一群知識分子，這種歷練也造就了他們敏銳的商業質感和經營直覺，加之深厚的理論素養和較強的溝通表達能力，往往可以為企業打破僵局提供非常有意義和有價值的建議和方案。這一群人是企業的「發酵粉」，如果選對「發酵粉」，企業這團麵粉可以做出美味的麵包。

然而，人才在這個世界是具有極強的流動性的資源，一個企業要想將優秀的人才占為己有，難度極大、成本極高，最優的選擇應當是採用「不求所有、但求所用」的態度，這種態度在網際網路時代，隨著「群眾外包」和「群眾募資」等模式的深入，這個觀念也在不斷被接受，企業的每一個職能環節都可以開啟一扇窗戶，吸收外來的新鮮空氣，讓組織機體變得更加強大。

要想將分散於世界各地的優秀人才為企業所用，你的企業必須也是個開放的平臺化組織，同時機制保障到位，方可在「眾志成城」的基礎上實現「眾智成城」。

3. 建立「自我驅動、信念堅定」的骨幹團隊

軍隊素有「鐵打的營盤，流水的兵」之說，企業也是一樣的。在一個企業裡，你要是能夠抓住指導員、連長、排長和班長這些骨幹員工，你的隊伍就不會出什麼大亂子。

這一群人，應當是鬥志昂揚、自我驅動的骨幹力量，在「群眾外

包」、「群眾募資」等網際網路新概念下，企業變成平臺，但是平臺上如果沒有這樣的一支鐵軍，那麼平臺也是散亂的。就拿「群眾外包」來說，企業要將專案「群眾外包」出去，如果沒有一支自由核心骨幹團隊將專案進行分解和細化，形成一個個小的專案和要求，就會存在極大的技術洩密風險，「群眾外包」就成了簡單的「分包」，喪失了主動權和主導權。

對於一個企業來說，骨幹團隊的搭建和培育非常重要。到底是什麼標準來選擇骨幹團隊呢？結合人力資源管理來講，「薪酬晉級看能力、職位晉升看忠誠、固定薪酬看資歷、變動薪酬看業績」，對於骨幹員工的任命，不能單單看能力、業績和資歷的指標，而是要看忠誠度，是否認同企業的價值觀，是否是一個信念堅定的追隨者至關重要。

4. 建立「銳意進取、一專多能」的精兵團隊

在以結果導向的新經濟時代，苦勞和疲勞已經無法得到價值肯定，唯有創造業績，功勞立身，才是專業經理人安身立命的理由。創造價值不是嘴上說說，而是需要實力作為保證的。

在陣地戰中，當武器裝備差距不大時，數量造成決定性作用，但是在運動戰中，人員的品質將造成決定作用，將士的能力決定了攻堅速度和奇襲速度。2011 年 5 月 1 日，20 餘名海豹突擊隊官兵突襲賓拉登藏身地，經過 40 分鐘左右的槍戰，將賓拉登擊斃。這正是精兵的核心價值。

我將人才分為兩種，一類是攻城略地型的，一類是看家守舍型的。攻城略地型人才是直接創造顯性價值，而看家守舍型人才是創造隱性價值，都很重要。但是對於一個企業來說，需要不斷的勝利來激發隊伍的熱情，因此，攻城略地型人才會得到更多的青睞，同時，也對這類人才

提出了更高的要求。

對於精兵團隊，需要具備狼性，需要極強的商業嗅覺、目標感和團隊合作精神，在專業能力上，絕對不能是單一的，不但要具備商業技能，還需要精通技術和經營管理方面的專業素養，因此，「銳意進取、一專多能」是精兵團隊極為重要的兩大核心要求，精兵團隊一定也是多面手，能文能武才行。

用心經營核心人才

傑克．威爾許說，經營人才是企業一等任務。經營人才要從經營人心開始，經營人才要面對人才全生命週期，經營人才需要組織體系保障。

1. 開啟人心就是開啟市場

企業之所以能夠攻城拔寨、所向披靡，必定是劍鋒所指、人心所向。而企業發展萎靡不振甚至節節敗退，大多是禍起蕭牆、人心渙散。在網際網路時代，外部環境跌宕起伏、變化莫測，然而，這種外部環境的不確定，對於行業內的任何企業都是公平的，企業要不斷地敲開市場的大門，除了企業策略的英明之外，最重要的影響因素應該就是人。

可謂，人心齊泰山移，凝心聚力方可成就一方霸業。市場是扇門，人心是把鎖。只有開啟人心，才能開啟市場，實現企業的持續繁榮。

(1) 只有主人的角色，才有主人的心態

過去，企業擁有某項獨特資源便可以笑傲江湖、獨步武林，現如今，企業需要的是系統化的組織能力，資本、技術、人才、產品、資訊等等都作為系統能力的組成要素，最稀缺的資源正在從資本和技術轉向操作營運體系的人才。企業與員工難以維繫僱傭關係，而是向自我僱傭、合夥人進化。在這樣一個時代，人才不僅要分享企業的利潤，同時他要在企業的經營決策過程中要有更大的話語權。

因此，企業要想從根本上啟用人才，開啟人心，就得賦予員工主角的角色，才能換取員工主角的心態。企業進行頂層設計時，應當在商業模式設計的同時或者之前，把企業的治理模式說明白，講清楚如何進行股權激勵以及如何建構事業合夥人機制等等。

(2) 權責要對等，利益要公平

權責對等是組織管理的一項基本原則，但是權責不對等的問題在企業依然非常普遍，權責劃分本質上是企業集分權管理問題，如果權責界定不清楚，即使最優秀的員工，在面對管理問題時，也會舉棋不定、畏首畏尾。

(3) 沒有請不起的人才，只有付不起的真誠

要想建立起卓有成效的管理體系，必須要有一支職業化的經理人隊伍。然而，在一個職業經理體系不健全和不規範的現狀下，要建成一支職業化的經理人隊伍的難度是非常大的。人才的培養需要一個較長的過程，可謂「一將功成萬骨枯」，一個優秀的專業經理人從菜鳥成長為雄鷹，是需要付出巨大的代價的。所以，企業要不拘一格降人才，多種管道融會人才。

・以真誠換取忠誠

對於企業家來說，沒有請不起的人才，只有付不起的真誠。如果企業老闆整天思索著空手套白狼，習慣於不見兔子不撒鷹，以一種觀望的姿態和審視的眼光來對待人才，往往不利於人才在企業生根發芽，在相互試探中消磨彼此的心氣，最終極容易走向一拍兩散。

・以機會牽引成長

如果你的企業是一家資源密集型或政策主導型的傳統企業，依靠資源或政策取勝，那麼，企業所需要的人才以看家守舍型人才為主，忠誠度是第一位的；如果你的企業是一家技術密集型或人才密集型的新型企業，依靠技術或創新取勝，那麼，企業所需要的人才以開拓進取型人才為主，專業性和進取心是第一位的。然而，不管是哪種類型的人才，人才的成長都是一種過程，都是一段持續澆注和培育的結果。要想讓人才快速成長，企業家要懂得為人才成長鋪路，為人才成長創造機會。

2. 核心人才要精細化管理

某公司 A 是一家生產汽車零配件的製造型企業，在替這家企業做行銷諮詢過程中，與該公司人力資源部門進行溝通時，發現該企業的人才管理比較具有特色，甚至可以作為典範，在此做個分享。這家企業為每一個員工建立資訊化檔案，這並不稀奇，很多企業都會建立一套員工臺帳，然而，這家企業會將員工的資訊化檔案進行動態化管理，將員工資訊與員工的績效考核以及培訓緊密連繫在一起，透過員工的績效考核來動態評估人才的成長狀態，並根據需要輔以相應的培訓，將這套管理方案落實到全員，形成了一整套完善的人才成長晉級階梯，實現人才管理規範化和制度化。

在這套動態的管理集中實施過程中，將成長快速的優秀員工篩選出來加以重點培養，逐漸形成了健全完善的人才梯隊，該企業人才的忠誠度、職業素養和專業能力，在我服務過的企業當中應該可以稱得上佼佼者。

談起人才的精細化管理，需要的並不是多高深的專業理論，而是需要更用心的對待人才，把人才真正當成是企業最為重要的資產。要知道，面對智力資本時代的到來，組織應該更加推崇人才稀缺理論，資金不是稀缺的，硬體裝置也不是稀缺的，稀缺的是具有創新創造能力的人才。

3. 全面創新人才管理機制

如何能夠保障員工的「存在感」、「成就感」和「歸屬感」，同時能夠激發出「新鮮感」、「危機感」和「飢餓感」，激發內生動力，實現企業生生不息，這將是人力資源工作者未來的核心命題。

(1) 選對人才事半功倍：相馬需要慧眼，賽馬需要機制

可謂「問渠哪得清如許，唯有活水源頭來」，打造熱情四射的團隊，一定要在源頭上給予管控。另外，沒有分類就沒有管理，在此做一些經驗之談，本人將人才的需求根據情況分為有多種分類：①按人才需求的緊急程度；②按人才需求的專業類別；③按人才需求的職業用途。

①按人才需求的緊急程度

按照人才需求的緊急程度，分為面對當前的和面對未來的。

對於當前需要的人才，其緊急程度較高，企業無法承擔較長的培養週期，對於創業型企業或者企業中特殊策略意圖的職位，可以選擇業內

（圈內）比較成熟的或成功的人才，以合夥人的方式或以高薪引進方式比較穩妥。

對於未來需求的人才，有充足的時間布局，我的做法是每年要引進一批優秀的大學畢業生，這些學生主要分為兩類：一類是組織與活動能力強的員工，比如學生會和班長作為組織活動能力強的，作為行銷或者管理職人才進行培養；一類是學習能力強的，比如每年獲得獎學金的學生，或有特殊專業特長的學生，作為未來的技術型人才進行儲備。而那些不溫不火，資質平平的學生，優點不突出，缺點也不明顯的，一般來說不予考慮。

②按人才需求的專業類別

按人才需求的專業類別，可以分為綜合管理類和專業技術類。

對於綜合管理類人才，無行業設限，別的行業的管理型人才一樣受歡迎，甚至於更受歡迎，企業就是需要不一樣的思維方式和新鮮血液，對這類綜合管理類人才，更在乎他們的思維模式、失敗經歷和成功經驗，關鍵是他們能將之前的成功和失敗的來龍去脈陳述清楚，並有不斷反思和創新的能力，企業一定要警惕那種只會拿著某個公司一套成型的管理體系套用的「人才」，這類「人才」極具迷惑性，剛性有餘而柔性不足，往往不是變革的動力，而是企業成長的阻力，這點非常重要。

對於專業技術類人才，是有嚴格的行業界限或專業界限的，資深的專家必須要在行業（專業）浸淫十年以上，沒有量的累積，不可能有質的飛躍，因此，資歷是這類人才選擇的極為重要的能力評價指標。

③按人才需求的職業用途

按人才需求的職業用途，分為開拓型和守城型。

對於開拓型人才，這類「人才」要能夠守正出奇，善於以正相合，出奇制勝，靈活的因地制宜的策劃能力，具備強大的攻擊力才是這類人才挑選的關鍵，在對大規則和大格局充分領會的前提下，不拘一格甚至勇於挑戰權威，勇於創新、開拓進取，充分融合感性和理性，太感性容易跑偏，太理性容易束手束腳，需要長處很突出，但是短處不致命的人才。

對於守城型人才，這類「人才」要心思縝密，事事都能夠完成一個閉環思考，一件事情是如何開始，又如何結束，過程中可能會出現哪些問題，他們要有這樣的思維意識，甚至於有些太認真和執拗，他們是理性思考要重於感性思考，允許有一定的完美主義情結。

(2) 用好人才才是關鍵：人盡其才物盡其用，能力與職務匹配是關鍵

組織就是要充分發揮每一個人的長處，透過有組織的努力，讓一群平凡的人創造出不平凡的成就。這是杜拉克先生對我們的教誨，也是我們組織建設的目標，然而，企業現實遠非如此簡單。尤其是在華人社會，加之，組織內部存在著各種江湖氣息、仕紳氣息和政治氣息交織而生的人身依附，形成錯綜複雜的人際關係，可謂剪不斷理還亂。

身為諮商師，思考組織與人才問題，習慣於辯證的思考這個問題，一方面，存在即合理，目前的現狀是有歷史原因的，比如特定階段的某些人的特殊貢獻，比如某個主管對於某些人的特殊情感（心理學上稱之為近因效應和月暈效應等）……一旦「時過境遷」，有些人不適合但是又難以剝離，就會成為歷史遺留問題；另一方面，必須著眼於經營、著眼於未來，以發展為主線，以成長為牽引，避免糾結於現實的泥潭，以更大的視野和更高的眼界，重新梳理組織體系，以策略方向為牽引，重新梳理組織體系，將人的能力特點和個性特徵與組織的需要進行一次重新排兵布陣（有必要的時候，可以來一場競聘），將合適的人以一個相對公允的評估方式

（標準合理、過程公平、結果公開）的方式，配置在盡可能合適的位置。我相信，將正確的人放在正確的位置上，問題可以減少一半。

實踐經驗告訴我，沒有垃圾，只有放錯位置的資源。然而，涉及到人事的變動的事情，俗話說，人簡單，事簡單，人事不簡單，一份職業不僅僅是一個工作，而是一個獨立個體的社會尊嚴，是一個人所承擔的家庭責任，取捨之間，既要兼顧歷史貢獻，也要兼顧人才發展，但是，無論何種兼顧，都不能脫離企業經營發展的主線，這是關乎更多人利益的大原則、大方向。

(3) 圍繞業務培養人才：猛將必起於卒伍，宰相必發於州郡

一線經驗對於一個員工成長為一名管理者是極其重要的，這是古人對於培養領軍人才的育人之道。一個即將晉升為某個部門的管理者，他在此之前必須非常了解該部門工作的任何一個環節／模組，縱向的管理線與橫向的專業線之間，強調專業線在前，管理線在後，以橫向的輪調來了解多個專業之間的差別以及合作要求，繼而才能全流程、端到端地思考問題。如果僅在某一個專業或者某一個體系內直線成長，那麼很容易陷入本位主義，在意識形態裡形成天然的壁壘，片面思考問題而難以融入或者難以協調多個不同專業領域的工作。

沙場點兵和一線提拔起來的，無論思維和行為方式會更加在地化，思考問題也更加全面和多維，對其授權的風險會更小。身為管理者都應該知道賦予許可權，必須在某個領域既有成功經驗又有失敗經驗的人，沒有失敗過的人，是不被重用的，一者對失敗缺乏敬畏，另一者往往是缺乏創新，按部就班的人。而經歷過一線磨礪的人，大多是遊走在失敗與成功之間，享有過成功的喜悅，也經歷過失敗的「摧殘」。當然失敗也要分情況，是創新的失敗，還是常規常識方面的失敗，如果是創新方面的失敗是可以接受和容忍的。而常規的和常識方面的失敗，則另當別論。經歷過「火線」並不斷成熟，從失敗走向持續成功的人才，才有可能成為企業骨幹人才，甚至於成為企業的精兵團隊。

(4) 人才淘汰張弛有度：平衡歷史貢獻與未來可能，快刀亂麻

對於明顯不適合企業經營業務發展要求的人員，無論是專業能力還是道德品行，處理的態度必須要明確。

· 要有菩薩心腸，也要有雷霆手段

可謂，制度無情人有情，對待離職（無論是主動辭職的，還是被動辭退的），都要懷有一顆仁慈的心來看待他們，沒有任何一個地方是永久歸宿，有緣相聚就要珍惜緣分。當然，有了菩薩般的心腸，如果沒有雷霆手段作為保障，你的菩薩心腸就會優柔寡斷，落入舉棋不定的境地，這就會很麻煩，因為其產生的負面影響往往是要遠遠大於正面影響的。所以當斷則斷，要對不適合公司發展的人員採取果斷的措施，哪怕是在經濟上做出一些小的損失，在情面上做一點小的忍讓。

· 要面對未來，也要平衡歷史貢獻

對待歷史功臣，儘管他們其中一部分人，難以面對未來發展需要（可能是體力或者精力難以為繼）。但是，在針對他們的淘汰上，要充分發揮這些歷史功臣的經驗和智慧，以顧問的身分，讓他們退居二線，又能夠有尊嚴地保持與公司之間的關係，對雙方來說應該都是雙贏的局面。

企業頂層新設計，組織與管理的多重創新：

以客戶價值為核心，探索商業變革趨勢，破解經營困局

作　　者：吳越舟
發 行 人：黃振庭
出 版 者：財經錢線文化事業有限公司
發 行 者：財經錢線文化事業有限公司
E-mail：sonbookservice@gmail.com
粉 絲 頁：https://www.facebook.com/sonbookss/
網　　址：https://sonbook.net/
地　　址：台北市中正區重慶南路一段 61 號 8 樓
8F., No.61, Sec. 1, Chongqing S. Rd., Zhongzheng Dist., Taipei City 100, Taiwan

電　　話：(02)2370-3310
傳　　真：(02)2388-1990
印　　刷：京峯數位服務有限公司
律師顧問：廣華律師事務所 張珮琦律師

定　　價：350 元
發行日期：2024 年 08 月第一版
◎本書以 POD 印製
Design Assets from Freepik.com

國家圖書館出版品預行編目資料

企業頂層新設計，組織與管理的多重創新：以客戶價值為核心，探索商業變革趨勢，破解經營困局 / 吳越舟 著. -- 第一版. -- 臺北市：財經錢線文化事業有限公司, 2024.08
面；　公分
POD 版
ISBN 978-957-680-972-9(平裝)
1.CST: 企業經營 2.CST: 企業管理
494.1　113012143

電子書購買

爽讀 APP

臉書